国家林业和草原局普通高等教育“十四五”重点规划教材

有机化学实验

（第2版）

贾俊仙　主编

中国林业出版社

内容简介

本教材是在第1版的基础上进行修订，保留了第1版的基本框架，教材内容仍分为有机化学实验基础知识、有机化学实验常用的仪器和装置、有机化学实验基本操作、有机化合物的性质、有机化合物的合成、天然产物的提取和分离、综合性实验、设计性实验8个部分。

本教材通过二维码形式引入有机化学实验安全知识讲座、有机化学实验基本操作视频等，读者可通过扫描二维码获得相关资源。

本教材可作为高等农林院校相关专业的有机化学实验课教材，也可供相关科技工作者参考。

图书在版编目（CIP）数据

有机化学实验/贾俊仙主编.—2版.—北京：中国林业出版社，2022.7(2023.11重印)
国家林业和草原局普通高等教育“十四五”重点规划教材
ISBN 978-7-5219-1760-4

Ⅰ.①有… Ⅱ.①贾… Ⅲ.①有机化学－化学实验－高等学校－教材 Ⅳ.①O62-33

中国版本图书馆CIP数据核字（2022）第117546号

中国林业出版社·教育分社

策划、责任编辑：高红岩　李树梅　　**责任校对：**苏　梅
电　　话：（010）83143554　　**传　　真：**（010）83143516

出版发行　中国林业出版社（100009　北京市西城区刘海胡同7号）
E-mail：jiaocaipublic@163.com　电话：（010）83143500
http：//www.forestry.gov.cn/lycb.html
印　　刷　北京中科印刷有限公司
版　　次　2018年6月第1版（共印4次）
2022年7月第2版
印　　次　2023年11月第2次印刷
开　　本　787mm×1092mm　1/16
印　　张　8.5
字　　数　200千字　　**数字资源：**视频（10个）
定　　价　27.00元

《有机化学实验》（第2版）编写人员

主　编　贾俊仙

副主编　张永坡　李　锐　郭冬冬

编　者　（按姓氏拼音排序）

白向东　陈红兵　黄　玥

李咏玲　刘勇洲　孟宪娇

沈　薇　王世飞　殷丛丛

张秀云

主　审　赵晋忠

第 2 版前言

本教材是国家林业和草原局普通高等教育“十四五”重点规划教材，是为适应目前高等农林院校有机化学实验教学改革的需要，遵照教育部《普通高等学校教材管理办法》和《国家林业和草原局院校规划教材管理办法》的要求，在《有机化学实验》第 1 版的基础上修订而成。

本教材保持了第 1 版教材服务农科、注重与农林院校相关专业课程的联系和衔接、重视学生基础能力、综合能力和创新能力的培养、历史传承与学科发展前沿并重的特色，内容安排上基本保留原教材的层次和框架设计，仍分有机化学实验基础知识、有机化学实验常用的仪器和装置、有机化学实验基本操作、有机化合物的性质、有机化合物的合成、天然产物的提取和分离、综合性实验、设计性实验 8 个部分。此外，本教材更新了一些知识，对个别在教学实践中发现问题的实验进行了删减和替换。

为顺应当前教育教学手段发展的新形势，响应党的二十大报告中提出的“加强基础学科建设”以及学生对学习方式多样化的需求，增加了数字教学资源，通过二维码形式引入有机化学实验安全知识讲座、有机化学实验基本操作讲解和示范视频等内容，为学生提供了优质的数字化学习资源，为个体差异学习、自定步调学习提供了支持，也为教师提供了优质的教学辅助资源，为信息化教学、翻转课堂等教学模式提供支持。

本教材由山西农业大学、南京农业大学、西北农林科技大学、中国药科大学合作编写。教材编写分工如下：第 1 章由贾俊仙修订；第 2 章由刘勇洲修订；第 3 章由张永坡（一、二、三）、张秀云（四、五）修订；第 4 章由孟宪娇（实验 1 ~ 4）、陈红兵（实验 5 ~ 7）修订；第 5 章由殷丛丛（实验 8 ~ 11）、王世飞（实验 12 ~ 16）、黄玥（实验 17 ~ 20）修订；第 6 章由李咏玲（实验 21 ~ 23）、沈薇（实验 24 ~ 26）修订；第 7 章由李锐修订；第 8 章由郭冬冬修订；附录由白向东修订整理；视频资源由山西农业大学基础部集体制作。全书由主编统一整理定稿，由山西农业大学赵晋忠教授主审。

本教材的编写和出版得到中国林业出版社和编者所在学校的大力支持与帮助，在此一并表示衷心的感谢。

由于编者水平所限，书中疏漏之处敬请读者批评指正。

编　者

2022 年 4 月于山西农业大学

第1版前言

本教材为中国林业出版社“十三五”规划教材、国家林业局教材建设办公室“十三五”规划教材。本教材是根据高等农林院校有机化学实验教学大纲，总结了多年来有机化学实验教学经验，并借鉴国内同类有机化学实验教材优点的基础上编写而成。本教材可作为高等农、林、水产院校各专业独立开设有机化学实验课的教科书，也可供相关专业的技术人员和科研人员参考。

本教材注重培养学生的基本操作技能，教材的第1～3章介绍了理论和实际上必需的有机化学实验基础知识、常用仪器装置和基本操作，旨在使学生的基本操作训练切实得到加强，并对有机化学研究的技巧和方法有较全面的了解，正确认识有机化学研究的手段，同时对实验室安全在实验工作中的重要性有深刻认识。

尽管仪器分析已成为鉴别有机化合物的最重要手段，但传统的化学分析方法也是不可缺少的，要有效解决问题必须把仪器的使用和化学方法相结合，因此，教材第4章也较系统地介绍了有机化合物的化学定性鉴定方法。

合成与制备实验选择的主要是重要的、具有代表性的典型有机反应和类型，同时考虑尽可能选用较低毒性的药品和反应，如用对甲基乙酰苯胺的制备替代了乙酰苯胺的制备实验。教材中的综合性实验和设计性实验有利于增强学生分析和解决问题的能力以及创新精神的培养。

参加本教材编写工作的人员有贾俊仙（第1章）、刘勇洲（第2章）、张永坡（第3章）、陈红兵（第4章）、王世飞（第5章）、李咏玲（第6章）、李锐（第7章）、郭冬冬（第8章）、白向东（附录）。山西农业大学赵晋忠教授主审并提出了许多宝贵意见，全书最后由主编贾俊仙统一整理定稿。

本教材参考了部分兄弟院校的实验教材，在此对相关书籍的作者表示感谢，同时对编者所在学校及中国林业出版社的支持表示感谢。

由于编者水平有限，书中错误和不妥之处在所难免，恳请同行和读者批评指正。

编　者

2018年3月于山西农业大学

目　录

第1章　有机化学实验基础知识

一、有机化学实验教学目的和任务

有机化学是高等农业院校有关专业必修的重要基础课，是一门实验性很强的学科，学习有机化学必须做好有机化学实验。

有机化学实验的教学目的和任务是：

(1)使学生掌握有机化学实验的基本理论及基本操作技术，掌握常用物理常数的测定方法，掌握有机化合物的合成、分离与鉴定方法等。

(2)通过实验操作，巩固和加深对有机化学基本理论、有机化合物的性质与反应的理解。

(3)使学生逐步学会对实验现象进行观察、分析、归纳总结，培养学生独立操作和分析、解决问题的能力。

(4)培养学生严谨、实事求是的科学态度，形成良好的实验素养，为有关后续课程和将来从事的专业工作奠定坚实的基础。

二、有机化学实验室守则

为了保证实验的安全和正常进行，学生在进入有机化学实验室前，必须首先认真阅读本书第1章的有机化学实验室守则及有机化学实验室安全知识。

有机化学实验室守则及安全知识

(1)实验课前应认真预习，明确实验的目的和要求，了解实验的基本原理、方法、步骤及注意事项，并写好预习报告。

(2)进入实验室后，首先检查所用仪器是否齐全，有无破损，如发现有缺少或破损，应立即向指导教师声明，并按规定补齐、更换。如在实验过程中损坏了仪器，也应及时向指导教师报告，填写仪器破损报告单，经指导教师签字后，交由实验室工作人员处理。

(3)遵守纪律，不迟到、早退、旷课，实验过程中保持安静，不得大声喧哗、四处走动，更不准擅自离开实验室。

(4)遵守实验室的各项规章制度，遵从教师和实验室工作人员的指导。实验时应严格遵守操作规程，不得擅自改变实验内容和操作过程，以保证实验安全。实验过程中应独立操作，认真观察，如实做好实验记录。

(5)保持实验室和台面的整洁，火柴梗、废纸屑等应投入废物篓内，废液应倒入指定的废液缸，不得投放入水槽，以免引起下水道堵塞或腐蚀。有毒废液由实验室工作人员统一处理。

(6)爱护仪器和设备，节约用水用电，药品应按规定的量取用。精密仪器应严格按照操作规程操作并及时填写使用记录册，不得任意拆装，发现仪器有故障，应立即停止使用并向指导教师报告。公用仪器、试剂等用毕应立即放回原处，不得随意乱拿乱放。实验室内一切物品不得私自带出实验室。

(7)实验完毕后，将所用仪器洗净，仪器、试剂摆放整齐，整理好桌面。值日生负责做好整个实验室的清洁工作，并关好水、电开关及门窗等，经指导教师同意后方可离开实验室。

(8)实验后，根据原始记录，按要求格式书写实验报告，交给指导教师批阅。

三、有机化学实验室安全知识

在有机化学实验中，经常要使用易燃溶剂，如乙醇、乙醚、丙酮、石油醚等；有毒药品，如氰化物、苯肼、硝基苯等；易燃易爆气体或药品，如氢气、乙炔等；有腐蚀性的药品，如浓硫酸、浓盐酸、浓硝酸、氢氧化钠、溴等。如使用不当，就有可能发生着火、烧伤、爆炸、中毒等事故。同时，有机化学实验中使用的仪器大多是玻璃制品，如不注意，容易发生破损，引起割伤等事故。此外，在使用煤气和电器设备时，如处理不当，也会发生各种事故。因此，防火、防爆、防中毒、防割伤、防触电等已成为有机化学实验中的重要问题，进行有机化学实验时，必须时刻注意安全。

实验室中各种事故的发生往往是由于不熟悉实验内容以及仪器、药品的性能，未按操作规程进行实验，或实验过程中麻痹大意所引起的。为避免事故发生，使实验顺利进行，所有参与实验的人员除应提前做好各种准备工作，并严格按规程操作外，还必须掌握仪器的性能、药品的危害及一般事故的预防处理等有机化学实验室安全知识。

(一)有机化学实验一般注意事项

(1)进入有机化学实验室应穿实验服，不得穿拖鞋、短裤等裸露皮肤的服装。建议穿白色实验服，便于及时发现沾污的实验药品。

(2)实验人员进入实验室，首先要了解、熟悉实验室电闸、煤气开关、水开关及安全用具(如灭火器、沙箱、石棉布等)的放置地点及使用方法。不得随意移动安全用具的位置。

(3)凡可能发生危险的实验，操作时应采取必要的防护措施，如使用防护眼镜、面罩、手套及防护设备。

(4)实验开始前，应仔细检查仪器有无破损，装置是否正确、稳妥。

(5)实验过程中要仔细观察，随时保持警惕，经常注意仪器有无漏气、碎裂、反应是否正常等，对实验室内的异常现象，包括声音、气味等要保持警觉，及时查明原因并正确处理。实验进行时，不得擅自离开岗位。

(6)电器设备使用前应检查是否漏电，常用仪器外壳应接地。不能用湿手开启电闸和电器开关。水、电、煤气、酒精灯等一经使用完应立即关闭。点燃的火柴用后立即熄灭，不得乱扔。

(7)实验中所用药品，不得随意散失或丢弃，不得带出实验室。

(8)不得将食物带入实验室，严禁在实验室内饮食、吸烟，一切化学药品禁止入口。实验完毕，应洗净双手。

(二)有机化学实验中事故的预防和处理

1. 着火

着火是有机化学实验中常见的事故，预防着火要注意以下几点：使用易燃试剂时，应远离火源，切勿用烧杯等广口容器盛放易燃溶剂，更不能用火直接加热；对易挥发和易燃物，切勿乱倒，应专门回收处理；实验室不得贮放大量易燃物；仔细检查实验装置、煤气管道是否破损、漏气。

当实验室不慎起火时，一定不要惊慌失措，应根据不同的着火情况，采取不同的灭火措施。小火可用湿布或石棉布盖熄，如着火面积大，可用泡沫式灭火器和二氧化碳灭火器。对活泼金属钠、钾、镁、铝等引起的着火，应用干燥的细沙覆盖灭火。有机溶剂着火，切勿用水灭火，应用二氧化碳灭火器、沙子和干粉等灭火。在加热时着火，立即停止加热，关闭煤气总阀，切断电源，把一切易燃易爆物移至远处。电器设备着火，应先切断电源，再用四氯化碳灭火器或二氧化碳灭火器灭火，不能用泡沫灭火器，以免触电。当衣服上着火时，切勿慌张跑动，引起火焰扩大，应立即在地面上打滚将火闷熄，或迅速脱下衣服将火扑灭。必要时报火警。

2. 爆炸

空气中所混杂易燃有机溶剂的蒸气或易燃气体含量达到某一限度时，遇到火星即发生爆炸，因此处理易燃溶剂最好在通风橱中进行。使用氢气和乙炔气时，要保持室内空气流通，禁用明火，并防止使用可能产生火花的操作和器具，如敲击、摩擦及电器产生的火花。

某些化合物如过氧化物、多硝基化合物、叠氮化合物、干燥的金属炔化物、重氮盐等，受热、摩擦或剧烈振动时易发生爆炸，使用前应先查阅有关的使用指南或警告，严格按操作规程进行。

如果仪器装置不正确也会引起爆炸。常压操作时，装置应与大气相通，切勿造成密闭体系。减压或加压操作时，注意仪器装置能否承受其压力。

若遇反应过于激烈，致使某些化合物因受热分解、体系热量和气体体积突增而发生爆炸。通常可用冷却、控制加料等措施缓和反应。

3. 中毒

很多化学试剂具有毒性，可引起急性或慢性中毒。产生中毒的主要原因是皮肤或呼吸道接触有毒试剂。因此，在取用或处理有毒物质时，应戴防护用具操作，绝对不允许用手直接接触，更不能触及伤口，处理完毕，应立即洗手。在反应过程中可能产生有毒或腐蚀性气体的实验，应在通风橱中进行，也可用气体吸收装置吸收有毒气体。所有沾染过有毒物质的器皿，实验完毕进行消毒处理和清洗。

中毒的处理方法视具体情况而定。腐蚀性毒物，无论强酸或强碱，先饮用大量的温开水，对于强酸，再服氢氧化铝膏、鸡强白，强碱则服用乙酸果汁、鸡蛋白。无论酸或碱中毒，都要再灌注牛奶，不要吃呕吐剂。对于刺激性及神经性毒物，可先服牛奶或鸡蛋白使之缓和，再服用硫酸铜溶液(约30g溶于一杯水中)催吐，也可用手掐压舌根促使呕吐，然后送医。吸入有毒气体中毒，先将中毒者移至室外，解开衣领和纽扣，对吸入少量氯气或溴气者，可用碳酸氢钠溶液漱口。

4. 割伤

割伤是实验室中经常发生的事故，一般是在安装仪器过程中因操作或用力不当造成玻璃管折断而导致。因此，装配玻璃仪器时，注意不要用力过猛。所有玻璃断面应烧至熔化，消除棱角，防止割伤。当割伤时，首先将伤口内异物取出，用水洗净伤口，涂上碘酒或红汞药水，用纱布包扎，不要使伤口接触化学药品，以免引起伤口恶化，必要时送医院救治。

5. 灼伤

被火、高温物体、开水烫伤后，可先用稀高锰酸钾溶液或苦味酸溶液揩洗灼伤处，再在烫伤处涂上烫伤膏，切勿用水冲洗。

酸或碱灼伤应立即用大量水冲洗，酸灼伤再用饱和碳酸氢钠溶液或稀氨水清洗，涂烫伤膏，碱灼伤再以1% ~2%硼酸或乙酸溶液清洗，最后再用水洗，涂敷氧化锌软膏(或硼酸软膏)。

溴引起的灼伤特别严重，应立即用大量水冲洗，然后用酒精擦洗至无溴液，再涂上甘油。

6. 试剂溅入眼睛

酸溅入眼内，应立即用大量水冲洗，再用2%四硼酸钠溶液冲洗眼睛，然后用水冲洗。

碱溅入眼内，应立即用大量水冲洗，再用3%硼酸溶液冲洗眼睛，然后用水冲洗。

四、实验预习、记录和实验报告

(一) 实验预习

为使实验能达到预期的目的，实验前要做好充分的预习和准备工作，做到心中有数。对实验中可能遇到的问题，应查阅有关数据，确定正确的实验方案，使实验得以顺利进行。预习要求如下：

(1)认真阅读与本次实验有关的实验教材、参考数据等相关内容，复习与实验有关的理论知识。

(2)明确本次实验的目的、要求。

(3)了解实验内容、原理和方法。

(4)了解实验具体的操作步骤、仪器的使用及注意事项。

(5)查阅有关数据，获得实验所需有关常数。

(6)估计实验中可能发生的现象和预期结果，对于实验中可能会出现的问题，要明确防范措施和解决办法。

(7)写好简明扼要的预习报告。

(二) 实验记录

要做好实验，除了安全、规范操作外，在实验过程中还要认真仔细地观察实验现象，对实验全过程进行及时、全面、真实、准确的记录。实验记录一般要求如下：

(1)实验记录的内容包括：时间、地点、实验名称、同组人员姓名、操作过程、实验现象、实验数据、异常现象等。

(2)应有专门的实验记录本，不得将实验数据随意记在单页纸上、小纸片上或其他任何地方。记录本应标明页数，不得随意撕去其中的任何一页。

(3)实验过程中的各种测量数据及有关现象的记录应及时、准确、清楚。不要事后根据记忆追记，那样容易错记或漏记。在记录实验数据时，一定要持严谨的科学态度，实事求是，切忌带有主观因素，更不能为了追求得到某个结果，擅自更改数据。

(4)实验记录上的每一个数据都是测量结果，因此在重复测量时，即使数据完全相同，也应记录下来。

(5)所记录数据的有效数字应体现出实验所用仪器和实验方法所能达到的精确度。

(6)实验记录切忌随意涂改，如发现数据测错、读错等，确需改正时，应先将错误记录用一斜线划去，再在其下方或右边写上修改后的内容。

(7)实验过程中涉及的仪器型号、标准溶液的浓度等，也应及时、准确记录下来。

(8)记录应简明扼要、字迹清楚。实验数据最好采用表格形式记录。

(三)实验报告

实验报告是全面总结实验情况，归纳整理实验数据，分析实验中出现的问题，得出实验结果必不可少的环节，因此实验结束后要根据实验记录写出翔实的实验报告。认真写好实验报告是培养学生提高分析问题和解决问题能力的一种很好的方式。实验报告的具体内容及格式因实验类型而异，有机化学实验报告的格式主要分为两类：一类是化合物性质实验报告，另一类是制备实验报告。

1. 化合物性质实验报告

化合物性质实验报告主要应包括以下几项内容：实验内容、操作方法、反应方程式、实验现象及结论。一般采用表格的方式书写。

化合物性质实验报告书写示例：

实验内容	操　作	反应方程式	实验现象	结　论
醇的化学性质 与卢卡斯(Lucas)试剂的反应	取3支干燥试管，分别加入1mL的正丁醇(试管1)、仲丁醇(试管2)和叔丁醇(试管3)，然后各加入3mL卢卡斯试剂，用软木塞塞住瓶口，充分振荡后，室温静置，观察各试管中的现象	(此处略)	试管1立即混浊 试管2静置5min混浊 试管3保持清亮	不同种类醇与卢卡斯试剂的反应速度的快慢为：叔醇 > 仲醇 > 伯醇

2. 制备实验报告

制备实验报告包括：实验目的、原理、主要试剂和仪器、反应装置图、实验步骤及现象、实验结果与计算、讨论等。

有机制备实验报告书写示例：

实验1 乙酰苯胺的合成

一、实验目的

1. 学习合成乙酰苯胺的原理和方法。
2. 掌握回流、重结晶及热过滤操作。

二、实验原理

乙酰苯胺可以通过苯胺与酰基化试剂(如乙酰氯、乙酸酐或冰醋酸)作用来制备。乙酰氯、乙酸酐与苯胺反应过于剧烈，不宜在实验室内使用，而冰醋酸与苯胺反应比较平稳，容易控制，且价格也最为便宜，因此本实验采用冰醋酸作酰基化试剂。反应式为：

$$CH_3COOH + C_6H_5\text{—}NH_2 \rightleftharpoons C_6H_5\text{—}NHCOCH_3 + H_2O$$

本反应为可逆反应，可通过及时除去生成的水来提高产率。

三、主要仪器和试剂

仪器：50mL圆底烧瓶、50mL锥形瓶、空气冷凝管、分馏柱、热水漏斗、温度计、抽滤装置。

试剂：苯胺(5mL)、冰醋酸(7.5mL)、锌粉(0.1g)、活性炭。

四、反应装置图

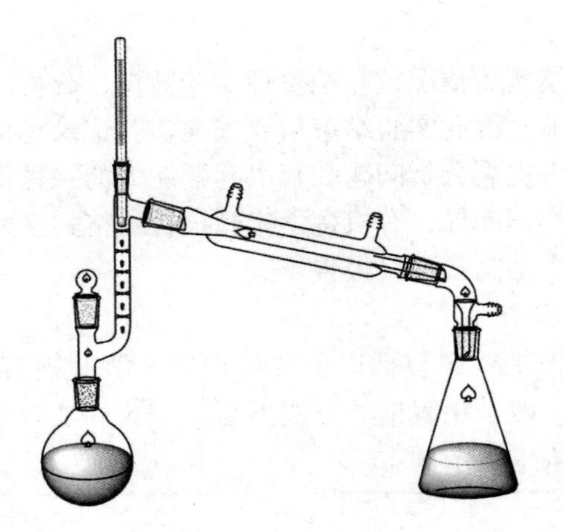

五、实验步骤及现象

步骤	现象
1. 圆底烧瓶中加入5mL苯胺和7.5mL冰醋酸，以及少许锌粉(0.1g)，按图装好实验装置 2. ……	瓶内为棕黄色油状液体

六、实验结果

得到白色的乙酰苯胺晶体。

$$产率 = \frac{实际产量}{理论产量} \times 100\% = \cdots$$

七、思考题

1. 为何反应温度控制在105℃？

答：因为该反应为可逆反应，不断除去反应生成物水，能有效地使平衡正向进行，从而提高反应产率，而水的沸点为100℃，乙酸的沸点为117℃，温度保持在105℃，能使水被蒸馏出去而乙酸不会，进而既除了水，又减少反应物乙酸的损失。

2. ……

五、有机化学实验常用工具书及文献

进行有机化学实验，首先应了解反应物和产物的物理和化学性质，以及它们之间的相互关系和发生化学变化的条件等，以便能很好地理解实验操作步骤的科学依据，解释实验现象，预测实验结果，选择正确的合成方法，这就必须学会查阅化学手册和有关文献。通过文献还可以了解相关科研方向的研究现状及最新进展，避免实验人员重复劳动。因此，文献资料的查阅和检索是化学实验和研究工作的重要组成部分，是化学工作者必须具备的基本功。目前与有机化学有关的文献资料已相当丰富，许多文献资料，如化学辞典、手册、理化数据及光谱资料等，其数据来源可靠，查阅简便，并不断进行补充更新，是有机化学的知识宝库，也是化学工作者学习和研究的有力工具。这里推荐一些常用的化学手册和有机化学文献。

1. *Handbook of Chemistry and Physics*(CRC 化学与物理手册)

该书是美国化学橡胶公司(The Chemical Rubber Company，简称 CRC)出版的一部化学与物理实用手册，应用十分广泛。该书内容丰富，使用方便，索引详细，数据都附有文献出处，不仅广泛收集了化学和物理方面的重要数据，而且提供了大量科学研究和实验室工作所需要的知识。该书内容分为 A ~ F 6 个部分：A. 数学用表；B. 元素和无机化合物；C. 有机化合物；D. 普通化学；E. 普通物理常数；F. 其他。其中，有机化合物是内容最多的部分，这部分列出了有机化合物的名称、别名和分子式、相对分子质量、颜色、结晶形状、比旋光度、紫外吸收、熔点、沸点、密度、折光率和溶解度等物理常数、Merck Index 编号、CA 登记号及在 Beilstein 的参考书目(Beil. Ref)等。化合物的名字排序仿造《美国化学文摘》，以母体化合物为主。查阅方法可按英文名称及归类查阅，也可通过分子式索引查阅。

2. *Dictionary of Organic Compounds*(有机化合物辞典)

该书收集常见有机化合物近 3 万条，连同衍生物在内共约 6 万条。内容包括化合物组成、分子式、结构式、来源、物理常数、化学性质及衍生物等，多数化合物还附有重要参考文献。该书前面有前言、绪论、刊物缩写名、取代基一览表和翻译条例等内容，这些内容对于查阅该书很有帮助。该书已有中译本，书名为《汉译海氏有机化合物辞典》。

3. *The Merck Index* (默克索引)

该书是一本非常详尽的化工工具书，收录的主要是有机化合物和药物，是一本化学制品、药物和生物制品的大辞典，共收集 3 万余种化合物。每个化合物除列出分子式、结构式、物理常数、化学性质和用途之外还提供了较新的制备文献。化合物按英文字母顺序排列。书末附有分子式索引、交叉索引和主题索引等。

4. *Beilsteins Handbuch der Organischen Chemie*(贝尔斯坦有机化学手册)

本手册已有100多年的历史，是世界上最完整的一部有机化合物性质和应用方面最典型的多卷集参考工具书，为我们全面概括了已经定性的有机化合物和自然界存在的结构未知的有机物，也是一部卷最多的巨著。该手册的资料来源是各种国际性的科学杂志以及专利文献，还有某些重要的学位论文和会议报告，收集有机化合物的最新资料汇编而成，手册内容十分丰富全面，指出了每一个化合物的来源、物理化学性质、生理作用、用途、分析方法等，同时对收录的全部资料、数据均列出了详细而正确的出处，在每一卷手册的卷首部列有所引用的杂志及其他出版物的全称、缩写，卷首还附有手册中采用的其他缩写词的汇总表，是一套重要的工具书。

5. *Aldrich*

美国Aldrich化学试剂公司出版的一本化学试剂目录，收集了18 000多个化合物，一个化合物作为一个条目，内含相对分子质量、分子式、沸点、折射率、熔点等数据。较复杂的化合物还附了结构式，并给出了该化合物核磁共振和红外光谱谱图的出处。同时也给出了每个化合物不同包装的价格，这对有机合成、订购试剂和比较各类化合物的价格很有好处。书后附有分子式索引，便于查找，还列出了化学实验中常用仪器的名称、图形和规格。每年出版一本，免费赠阅。

6. *CRC Handbook of Data on Organic Compounds*(有机化合物数据手册)

这套手册也是由美国化学橡胶公司(CRC)出版，共两册，专一地列出24 700个有机化合物的物理数据，包含内容与*Handbook of Chemistry and Physics*中C部相似，在有机化合物数据表之后列出了该手册登载的部分化合物的波谱参考文献及有代表性的分子结构式，并附有熔点、沸点和分子式3种索引。这套手册列出的化合物按母体化合物的英文名称字母顺序排列，取代基列在母体之后。

7. *Atlas of Spectral Data and Physical Constants for Organic Compounds*(有机化合物光谱数据和物理常数汇集)

该书第1版出版于1973年，全书分为光谱、主要数据表及索引3个部分，收集了近8 000个有机化合物的物理常数(熔点、沸点、密度、比旋光度、溶解度)和光谱数据(红外、紫外、核磁共振、质谱)。1975年该书出版第2版，增加了内容，光谱数据增加到21 000种。全书分6卷，第1卷为化合物名称同义名称录、结构图、光谱辅助表等。第2~4卷为有机化合物的光谱数据和物理常数，按有机化合物名称的字母顺序排列。第5~6卷为索引，包括分子式索引、分子质量索引、物理常数索引、化学结构和亚结构索引、质谱索引及光谱数据索引等。

8. *Lang's Handbook of Chemistry*(兰氏化学手册)

该书是较常用的化学手册，1934年出版第1版，内容包括11个部分：数学用表、一般数据与换算表、原子和分子结构、无机化学、分析化学、电化学、有机化学、光谱学、热力学性质、物理性质、其他数据。每一大类前有目录表，书末有主题索引。第13版已由尚久方等人译成中文版，由科学出版社于1991年出版。

9.《化工辞典》

由王箴主编，化学工业出版社于1992年出版第2版。《化工辞典》是一本综合性化工工具书，它收集了有关化学和化工名词 10 500 余条。列出了无机化合物和有机化合物的分子式、结构式、基本的物理化学性质及有关数据，并对其制法和用途做了简要说明。书前有按笔画为序的目录和汉语拼音字表。本书侧重于从化工原料的角度来阐述。

10. *Chemical Abstracts*（化学文摘）

创刊于 1907 年，是由美国化学会化学文摘服务社编辑出版的大型文献检索工具书。美国化学文摘 CA 包括两部分内容：①从资料来源刊物上将一篇文章按一定格式缩减为一篇文摘。再按索引词字母顺序编排，或给出该文摘所在的页码，或给出它在第 1 卷的栏数及段落。现在发展成一篇文摘占有一条顺序编号。②索引部分，其目的是用最简便、最科学的方法既全又快地找到所需资料的摘要，若有必要再从摘要列出的来源刊物寻找原始文献。

CA 收录的文献资料范围广，报道速度快，索引系统完善，是检索化学文献信息最有效的工具。随着信息技术的发展，CA 的全部编辑工作均使用计算机，文献处理流程科学化，通过长期的积累，形成了一套严格的文献加工体系，从主题标引、文摘编写、化学物质的命名和结构处理都有严格的规范。所以，该文摘已成为当今世界上最有影响的检索体系，是获取化学信息必不可少的工具。

11. *Journal of the American Chemical Society*（美国化学会会志）

由美国化学会主办，1879 年创刊。发表所有化学学科领域高水平的研究论文和简报，目前，每年刊登化学方面的研究论文 2 000 余篇，是世界上最有影响的综合性化学期刊之一。

12. *Journal of Organic Chemistry*（有机化学杂志）

由美国化学会主办，1936 年创刊。主要刊登涉及整个有机化学学科领域高水平的研究论文、短文和简报。全文中有比较详细的合成步骤和实验结果。

13. *Journal of the Chemical Society*（化学会志）

由英国皇家化学会主办，1848 年创刊，为综合性化学期刊。1972 年起分 6 辑出版，其中 *Perkin Transactions* 的 Ⅰ 和 Ⅱ 分别刊登有机化学、生物有机化学和物理有机化学方面的全文。研究简报则发表在另一辑上，刊名为 *Chemical Communications*（化学通讯）。

14.《有机化学》

创刊于 1981 年，由中国化学会、中国科学院上海有机化学研究所主办。该刊集中反映有机化学领域里各分支学科最新的研究成果、研究动态以及发展趋势，主要刊登有机化学领域基础研究和应用基础研究的原始性研究成果。

15.《化学学报》

创刊于 1933 年，由中国化学会主办。刊载化学各学科领域基础研究和应用基础研究的原始性、首创性成果，涉及物理化学、无机化学、有机化学、分析化学和高分子化学等。目前为 SCI 收录刊物。

16.《高等学校化学学报》

创刊于 1964 年，是中华人民共和国教育部主管，并委托吉林大学和南开大学主办的化学及其相关学科领域的综合性学术刊物。该刊以研究论文、研究快报和综合评述等栏目集中报道化学工作者在无机化学、分析化学、有机化学、物理化学、高分子化学及其相关的生物化学、材料化学和医药化学等学科领域所开展的基础研究、应用研究和开发研究所取得的创新性的科研成果。目前为SCI收录刊物。

17.《中国科学》化学专辑

《中国科学》1951年创刊，由中国科学院主办，原为英文版，自1972年开始出中文和英文两种语言的版本，主要刊登我国自然科学领域中有价值的研究成果。从1997年起，《中国科学》分成6个专辑，化学专辑主要反映我国化学学科各领域重要的基础理论方面的创造性的研究成果。

第2章　有机化学实验常用的仪器和装置

熟悉和掌握有机化学实验常用的仪器和装置是实验者应该具备的基本常识。有机化学实验常用的仪器和装置有玻璃仪器、金属用具和电器等设备。

一、玻璃仪器

玻璃仪器分为普通和标准磨口两种。普通玻璃仪器需要配相应口径的木塞或橡皮塞。磨口仪器是将各接头之间加工成通用的磨口，即标准磨口。内外磨口之间能紧密相连，而且由于口径尺寸标准化、系统化，凡属同类规格的接口，均可任意互换，各部件能组装成各种配套仪器。因此，现在大部分实验室都是用磨口玻璃仪器，以有效地节约时间，提高工作效率。

标准磨口口径大小常用数字编号表示，一般位于玻璃仪器部件口，塞的上或下显著部位，为烤印的白色标志。该编号是指磨口最大端直径的毫米整数，如常用的有10、14、19、24、29、34、40等。下面是标准磨口仪器的编号与大端直径(表2-1)。

表2-1　标准磨口仪器编号与大端直径

编　号	10	12	14	16	19	24	34	40
大端直径	10	12.5	14.5	16	18.8	24	34.5	40

有时用两组数字表示，如14/30，表示磨口直径最大处14mm，磨口长度30mm。若两个玻璃仪器因磨口编号不同无法对接时可用不同编号的磨口接头(或称大小接头)连接。通常用两个数字表示变径的大小，如接头14×19，表示该接头的一端为14号磨口，另一端为19号磨口。半微量仪器一般为10号和14号磨口，常量仪器磨口为19号以上。

微量化学实验仪器一般是常规仪器的缩放，其组合装的操作规范与常规实验一致。

(一)标准磨口玻璃仪器

图2-1为有机化学实验制备用的标准磨口玻璃仪器。

图2-1　常见的标准磨口玻璃仪器

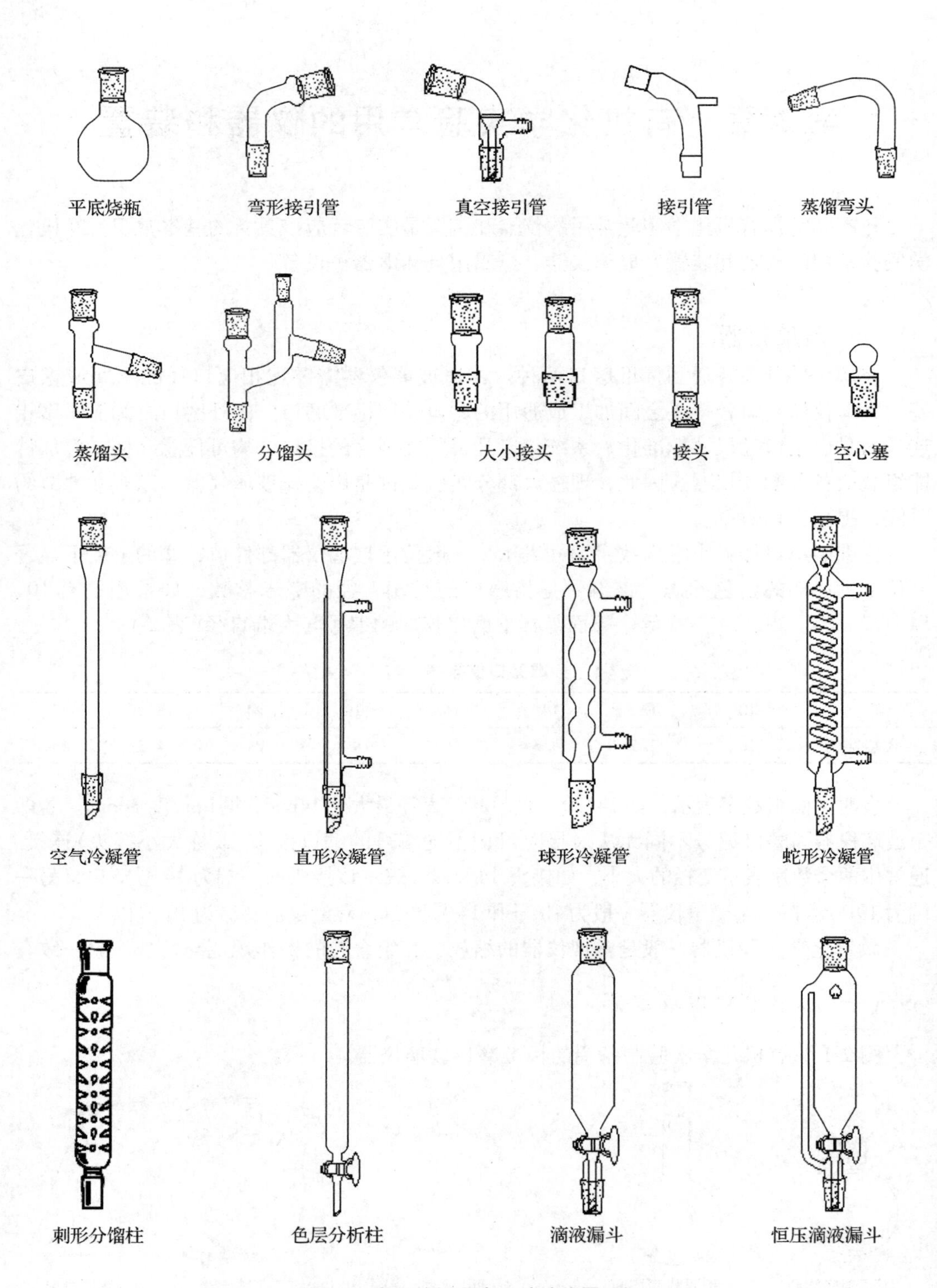

图 2-1　常见的标准磨口玻璃仪器(续)

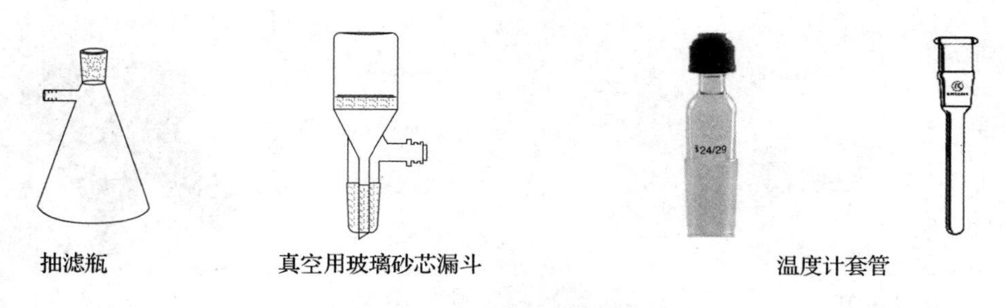

图 2-1　常见的标准磨口玻璃仪器(续)

(二)常用的非标准磨口仪器

尽管磨口仪器已普遍使用，但也不能完全取代普通的玻璃仪器，常见的非标准磨口仪器如图 2-2 所示。

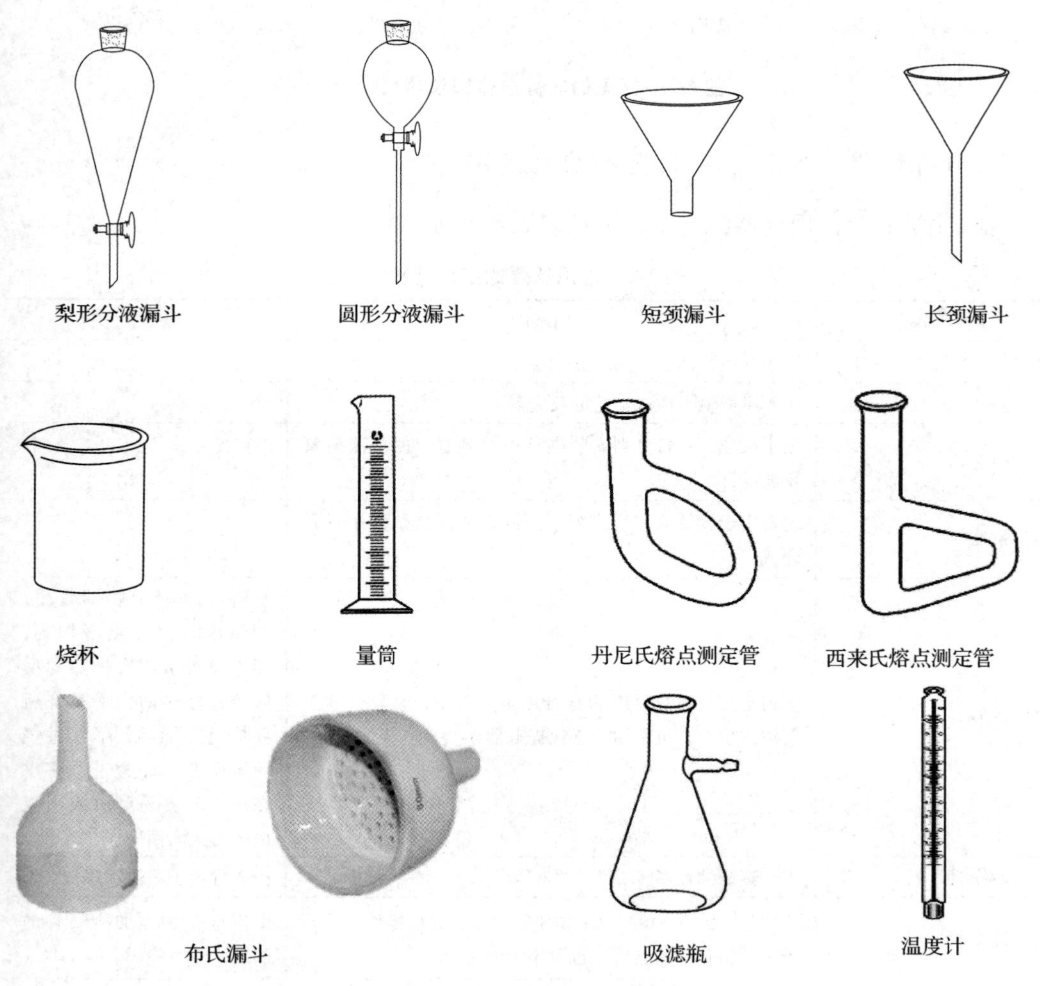

图 2-2　常见的非标准磨口仪器

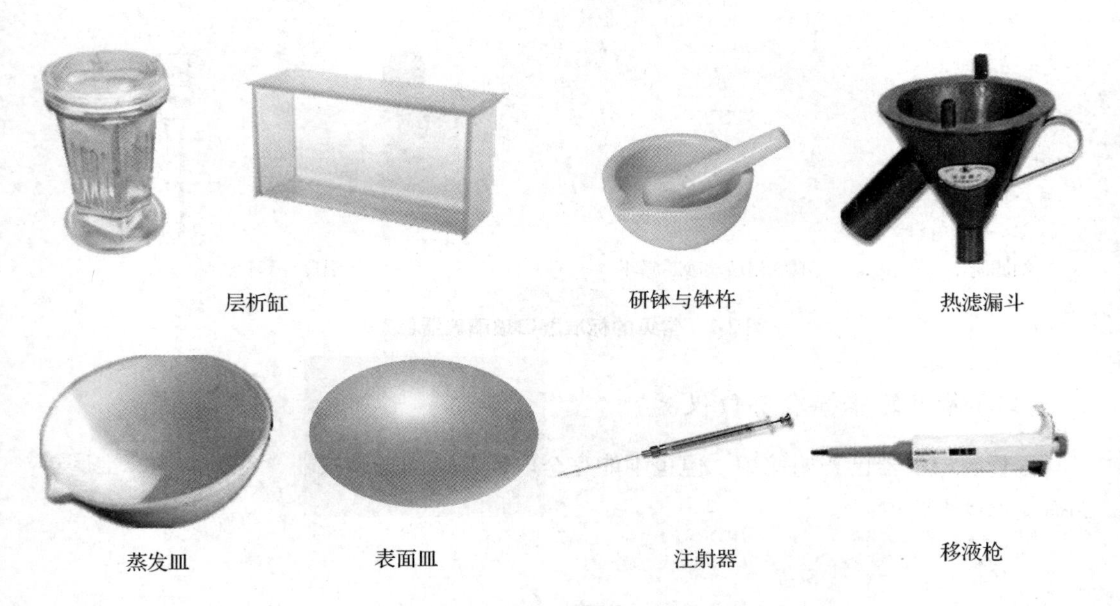

图 2-2 常见的非标准磨口仪器(续)

(三)有机化学实验常用仪器的应用范围

有机化学实验常用仪器的应用范围见表 2-2 所列。

表 2-2 常用仪器的应用范围

仪器名称	应用范围	备 注
圆底烧瓶(长颈、短颈)	用于反应，回流加热及蒸馏	
两口烧瓶	用于半微量、微量实验的反应器	
三口烧瓶	用于反应，三口分别安装电动搅拌装置、回流冷凝管及温度计	
梨形烧瓶	主要用于旋转浓缩，也可使用四口或三口烧瓶来进行合成	
平底烧瓶	多用于要长时间反应的有机化学实验中，常用于装配气体发生器，也常用于索氏提取器连续萃取装置中	平底烧瓶由于底部较平，当加热时会受热不均匀，因此一般不用作加热的反应器；加热时，平底烧瓶要垫上石棉网，不超过烧瓶体积的1/2，防止太多水在沸腾时容易溅出或因瓶内压力太大而爆炸
空气冷凝管	用于蒸馏沸点高于140℃的液体	冷凝管用于蒸馏和回流
直形冷凝管	适用于为沸点140℃以下物质的蒸馏、分馏操作，主要用于倾斜式蒸馏装置，也可用于回流	回流操作要增加冷凝管的长度

（续）

仪器名称	应用范围	备　注
球形冷凝管	适用于回流蒸馏操作，常用于有机制备的回流，适用于各种沸点的液体	
蛇形冷凝管	适用于做垂直式的连续长时间的蒸馏或回流装置，也常用于旋转蒸发器中	
温度计套管	用于玻璃口与一般直型实验室温度计相连接的工具，相当于传统的橡胶塞，蒸馏装置中用于固定温度计	
接引管	用于蒸馏和减压蒸馏装置，连接接收瓶	常压蒸馏要保证接引管畅通并连通大气
弯形接引管		
真空接引管		
接头和大小接头	用于相同或不同口径的仪器连接	
刺形分馏柱	用于分馏多种液体组分混合物	
色层分析柱	用于柱层析分离	
恒压滴液漏斗	用于反应体系内有压力使液体顺利滴加	
分液漏斗	用于液体的萃取、洗涤和分离	
吸滤瓶	用于减压过滤	
真空用玻璃砂芯漏斗	用于减压过滤	
布氏漏斗	用于减压过滤	
熔点测定管	丹尼氏熔点测定管又叫 p 形管，西来氏熔点测定管又叫 b 形管，用于毛细管法熔点测定	
热滤漏斗	用于热过滤	在重结晶中使用
蒸馏头和分馏头	用于蒸馏或分馏装置	
层析缸	用于纸色谱或薄层色谱分离	
研钵与钵杵	用于研磨固体	

（四）使用玻璃仪器注意事项

（1）使用时应轻拿轻放。

（2）仪器使用后应及时清洗干净。特别是磨口仪器，磨口处必须洁净，若黏有固体杂物，会使磨口对接不严密导致漏气。若有硬质杂物，更会损坏磨口。

（3）带有旋塞或具塞的磨口仪器若长期放置，需在磨口处夹放纸片防止塞子和磨口处黏结。

（4）一般用途的磨口无需涂润滑剂，以免沾污反应物或产物。若反应中有强碱，则应涂润滑剂，以免磨口连接处因碱腐蚀粘牢而无法拆开。减压蒸馏时，磨口应涂真空脂，以免漏气。

(5)安装标准磨口玻璃仪器装置时，应注意安得正确、整齐、稳妥，使磨口连接处不受歪斜的应力，否则易将仪器折断，特别在加热时，仪器受热，应力更大。

(6)厚壁玻璃器皿(如吸滤瓶)不能加热。锥形瓶不能减压蒸馏使用。

(7)温度计不能做搅拌使用，不能测定超过温度范围的温度，使用后要冷却至室温后再用水冲洗，以免炸裂。

二、金属用具

有机实验中常用的金属用具有：铁架台、铁夹、铁圈、水浴锅、镊子、剪刀、钢勺、三角锉、圆锉刀、打孔器、不锈钢刮刀、坩埚钳、升降台等(图2-3)。

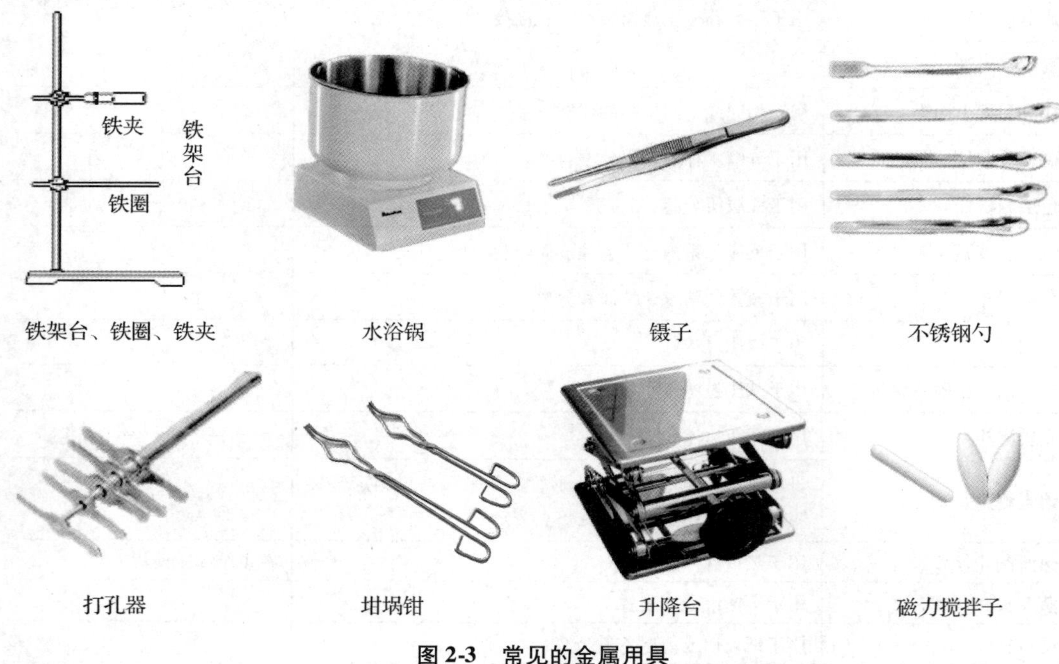

图2-3 常见的金属用具

三、常用电器与设备

实验室中也常用到许多电器与设备(图2-4)。

1. 烘箱

实验室常用带有自动温度控制系统的电热鼓风干燥箱，其温度范围一般为50 ~ 300℃。烘箱常用来干燥玻璃仪器或烘干无腐蚀、无挥发性、加热时不分解的药品。切记不能烘干易燃易爆物。洗净的玻璃仪器烘之前要尽量将水沥干。有时因玻璃仪器要急用，常在洗净后使用少量易挥发的乙醇或丙酮淋洗处理，然后再烘。这时一定要注意待有机溶剂挥发干以后再放入烘箱，避免发生燃爆。放仪器时要注意放置顺序，先上后下，避免上层残留水滴滴到下层已热的玻璃仪器上。仪器烘干后可用干净的干布包住取出，防止烫伤。注意橡胶塞、塑料制品以及有刻度的量器不能放入烘箱中烘烤。带旋塞或具塞的仪器应先取下塞子后再放入烘箱烘干。

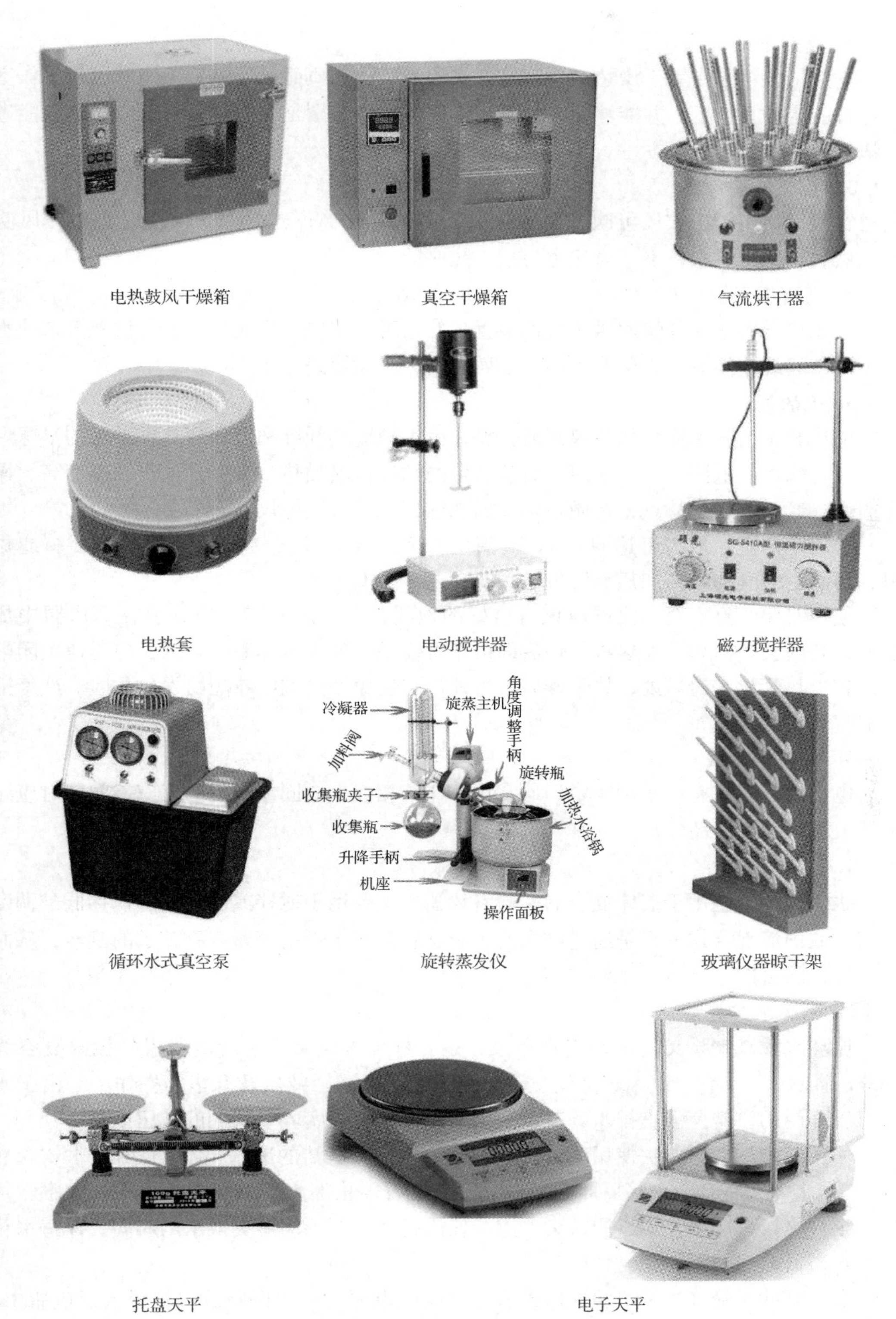
电热鼓风干燥箱
真空干燥箱
气流烘干器
电热套
电动搅拌器
磁力搅拌器
冷凝器
旋蒸主机
角度调整手柄
加料阀
旋转瓶
收集瓶夹子
加热水浴锅
收集瓶
升降手柄
机座
操作面板
循环水式真空泵
旋转蒸发仪
玻璃仪器晾干架
托盘天平
电子天平

图 2-4　常用电器与设备

2. 真空干燥箱

真空干燥箱是专为干燥热敏性、易分解和易氧化物质而设计的，工作时可使工作室内保持一定的真空度，并能够向内部充入惰性气体，特别是一些成分复杂的物品也能进行快速干燥。

3. 电吹风

实验室使用的电吹风可吹冷风和热风，供烘干玻璃仪器之用。使用时先以热风吹干，然后再用冷风吹，不用时注意防潮、防腐蚀。

4. 气流烘干器

气流烘干器是一种快速烘干仪器装置。使用时一定要注意应先将玻璃仪器多余的水分去掉，然后才能放在烘干器的多孔金属管上，避免短路。

5. 电热套

电热套是实验室通用加热仪器的一种，由无碱玻璃纤维和金属加热丝编制的半球形加热内套和控制电路组成，多用于玻璃容器的精确控温加热。具有升温快、温度高、操作简便、经久耐用的特点，是做精确控温加热试验的最理想仪器。

普通电热套，最高可达400℃；高温电热套由于使用了更加耐高温的内套织造材料，高温电热套的最高加热温度可达到800～1 000℃。

使用时要注意安全，仪器应该有良好的地线，第一次使用时应先放在通风橱中加热，因套内会冒白烟，加热数分钟后即可正常使用。如果液体溢入套内，应迅速关闭电源，将电热套放在通风处，待干燥后方可使用，避免漏电或电器短路发生危险。严禁空套取暖或干烧。

6. 电动搅拌器

电动搅拌器在有机实验室中，通常用于非均相或生成固体产物的反应。使用时应注意接上地线，不能超负荷。

7. 磁力搅拌器

磁力搅拌器是用于液体混合的实验室仪器，主要用于搅拌或同时加热搅拌低黏稠度的液体或固液混合物。它是通过磁场的不断旋转改变来带动容器内磁转子的旋转，从而达到搅拌的目的。

8. 循环水式真空泵

循环水式真空泵又叫水环式真空泵，是一种抽真空泵。它所能获得的极限真空为2 000～4 000Pa。它广泛用于蒸发、蒸馏、结晶、过滤、减压及升华等操作中。由于水可以循环使用，避免了直排水，节水效果非常明显，是实验室常用的减压设备。

使用时应注意：首次使用时，打开水箱上盖注入清洁的凉水(也可经由放水软管加水)，当水面即将升至水箱后面的溢水嘴下高度时停止加水，重复开机可不再加水。每星期至少更换一次水，如水质污染严重，使用率高，则须缩短更换水的时间，保持水箱中的水质清洁。

真空泵抽气最好接一个缓冲瓶，避免泵关闭电源时产生倒吸，水被吸入反应瓶中。使用时一定要注意先通大气后关水泵。

9. 旋转蒸发仪

旋转蒸发仪又叫旋转蒸发器，是实验室常用设备，由发动机、蒸馏瓶、加热锅、冷凝管等部分组成，主要用于减压条件下连续蒸馏易挥发性溶剂。它是实验室浓缩溶液，回收溶剂的理想装置。

通过电子控制，使烧瓶在最适合速度下恒速旋转以增大蒸发面积。通过真空泵使蒸发烧瓶处于负压状态。蒸发烧瓶在旋转同时置于水浴锅中恒温加热，瓶内溶液在负压下在旋转烧瓶内进行加热扩散蒸发。旋转蒸发器系统可以密封减压至400～600mmHg*，用加热浴加热蒸馏瓶中的溶剂，加热温度可接近该溶剂的沸点；同时还可进行旋转，速度为50～160r/min，使溶剂形成薄膜，增大蒸发面积。此外，在高效冷却器作用下，可将热蒸气迅速液化，加快蒸发速率。

使用时应注意：应先减压，再开动电动机转动蒸馏烧瓶，结束时，应先停机，再通大气，以防蒸馏烧瓶在转动中脱落。作为蒸馏的热源，常配有相应的恒温水槽。

10. 玻璃仪器晾干架

玻璃仪器晾干架用于自然晾干玻璃仪器。

11. 天平

托盘天平是依据杠杆原理制成，实验室常用的最大载重量是500g，可准确称量到0.1g。使用时，应用镊子取用砝码，注意保持托盘天平清洁。在半微量、微量实验中，经常使用电子天平。电子天平是一种精密的仪器，使用时应注意维护和保养。

四、有机化学实验常用装置

（一）常用的有机化学实验装置

常用的有机实验装置有回流、蒸馏、升华、萃取、搅拌、气体吸收等（图2-5）。

（二）仪器装置方法

有机化学实验常用玻璃仪器装置，一般都用铁夹将仪器固定于铁架台上，铁夹的双钳上应贴有橡胶等软性物质，防止将玻璃仪器夹坏。

铁夹夹玻璃器皿时应保证夹物不松不紧。安装仪器遵守先下后上、先左后右原则逐次安装，做到稳固牢靠，不松不紧，端正美观，横看一个面，竖看一条线，保证按照实验要求正确选择仪器。

五、仪器的清洗和干燥

（一）仪器的清洗

玻璃仪器上沾染的污物会干扰反应进程，影响反应速度，增加副产物的生成和分离

---

* 1mmHg＝0.133kPa。

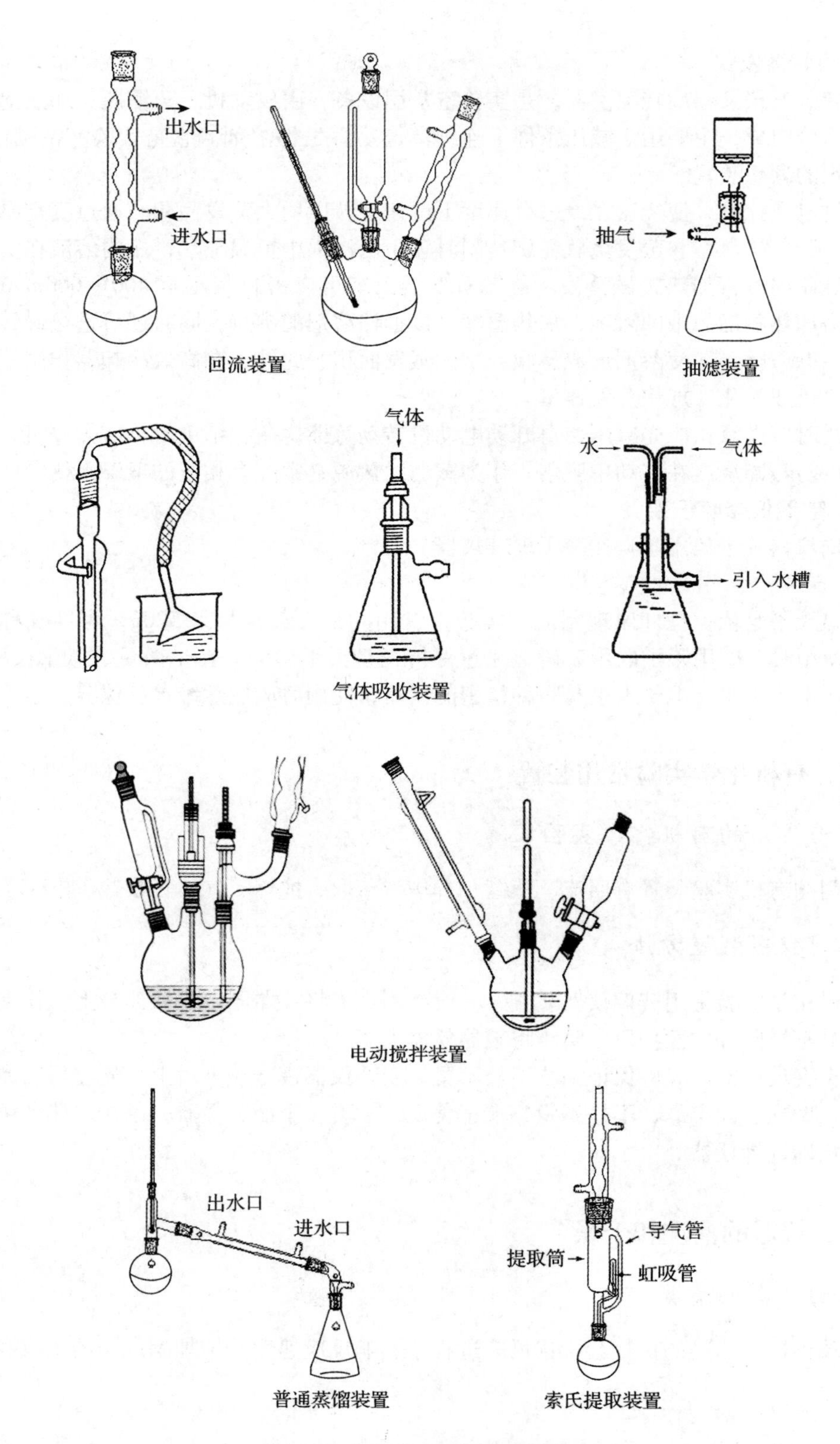

图 2-5　常用的有机化学实验装置

纯化的困难，也会严重影响产品的收率和质量，情况严重时还可能遏制反应而得不到产品，所以必须洗涤除去。

有机化学实验中常见的清洗方法：

(1)刷洗。如仪器沾染不多，可用长柄毛刷蘸取洗衣粉，加少许水刷洗，然后用自来水冲洗干净。对于非磨口的仪器，也可用去污粉代替洗衣粉。若去污粉的微小颗粒黏附在玻璃器皿上不易被水冲走，可用2%盐酸摇洗一次，再用自来水冲洗。

(2)溶剂浸洗。如果洗衣粉不能洗净，或知道污染物可溶于某种有机溶剂，可选用合适的回收溶剂或低规格溶剂，如乙醇、丙酮等加入适量浸渍、振荡、溶解清洗。或加热回流，长时间浸泡后用刷子刷洗。但要注意不允许盲目使用各种化学试剂和有机溶剂来清洗，否则容易造成浪费和危险。

(3)洗液浸洗。如用有机溶剂不能洗净，可考虑用洗液浸洗。但因洗液对环境和水质污染严重，所以应该慎用。

(4)针对性洗涤。已知污染物为酸性，可用强碱溶液荡洗或煮洗；如污染物为碱性，可选用不同浓度的强酸溶液洗涤等。另外，浓盐酸还可以洗去附着在器壁上的二氧化锰或碳酸盐等污垢。

有机实验室中也常用超声波清洗器来洗涤玻璃仪器，既省事又方便。只要把用过的仪器放在配有洗涤剂的溶液中，接通电源，利用声波振动的能量，即可达到清洗仪器的目的。

无论何种方法洗涤，都应该注意仪器用过后应尽快洗净，若久置则往往凝结而难于洗涤。如污物已成焦油状，则应先尽量倾倒，再用废纸或去污粉揩除，然后洗涤。凡可用清水或洗衣粉刷洗干净的仪器，就不要用其他洗涤方法。而用其他方法洗净的仪器，最后还需用清水冲净。若用于精制产品，或供有机分析用的仪器，则尚需用蒸馏水摇洗，以除去自来水冲洗时带入的杂质。

仪器洗净的标志是器壁上能均匀形成水膜而不挂水珠。

(二)仪器的干燥

仪器洗干净后常需干燥，而且可根据需要干燥仪器的数量、要求干燥的程度高低及是否急用等情况采用不同的方法。

(1)晾干。实验室干燥仪器常用的方法是倒置晾干。实验结束后将所有洗净的仪器开口向下倒置，任其在空气中自然晾干，下次实验直接取用。此法晾干的仪器能满足大多数有机实验要求。

(2)吹干。一两件急用的仪器可用电吹风。例如，器壁上还有水膜，可用少量乙醇荡洗，可更快地吹干。注意荡洗后的乙醇应倒回专用的回收瓶中，而且用电吹风时应先吹冷风1~2min，再用热风使之干燥完全，然后再用冷风使仪器逐渐冷却至室温。数十件仪器可用气流烘干器吹干。

(3)烘干。较大批量的仪器可用烘箱烘干。

第3章　有机化学实验基本操作

一、固体化合物的分离与提纯

(一)过滤

过滤是分离固液混合物的常用方法。固液体系的性质不同，采用不同的过滤方法。影响过滤的因素较多，如溶液的温度、黏度、过滤时的压力、过滤器的空隙大小等。升高温度有利于过滤；通常热溶液黏度小，有利于过滤；减压过滤因形成负压有利于过滤；过滤器空隙的大小应根据沉淀颗粒的大小和状态来确定。空隙太大易透过沉淀，空隙太小易被沉淀堵塞，使过滤困难。若沉淀是胶体，可通过加热破坏胶体，有利于过滤。

常用的过滤方法有常压过滤、减压过滤和热过滤3种。

1. 常压过滤

常压过滤使用的器具为漏斗和滤纸。

(1)漏斗。漏斗有玻璃质和瓷质两种，玻璃漏斗有长颈和短颈两种类型。长颈漏斗用于重量分析，短颈漏斗用于热过滤。长颈漏斗的直径一般为3~5mm，颈长为15~20cm，锥体角度为60°，颈口处呈45°角。

(2)滤纸。滤纸按用途不同可分为定性滤纸和定量滤纸。定性滤纸灼烧后的灰分较多，常用于定性实验；定量滤纸的灰分很少，一般灼烧后的灰分低于0.1mg，低于分析天平的感量，又称无灰滤纸，常用于定量分析。按过滤速度和分离的性能不同分为快速、中速和慢速过滤3种。滤纸的大小还要根据漏斗的大小来确定，一般滤纸上沿应距漏斗上沿0.5~1cm。使用时，将手洗净擦干后按四折法把滤纸折成圆锥形，如图3-1所示。滤纸的折叠方法是将滤纸对折后再对折，这时不要压紧，打开成圆锥体，放入漏斗。滤纸三层的一边放在漏斗颈口短的一边。如果上边沿与漏斗滤纸的折叠和安放不十分密合，可稍微改变滤纸的折叠角度，直到滤纸上沿与漏斗完全密合为止(三层与一层之间处应与漏斗完全密合)，下部与漏斗内壁形成缝。此时把第二次的折边压紧(不要用手指在滤纸来回拉，以免滤纸破裂造成沉淀透过)。为使滤纸和漏斗贴紧而无气泡，将三层滤纸的外层折角处撕下一小块，撕下的滤纸放在干燥洁净的表面皿上，以便需要用时擦拭沾在烧杯口外或漏斗壁上少量残留的沉淀。

将滤纸放好后，用手指按紧三层的一边，用少量水润湿滤纸，轻压滤纸赶出气泡，加水至滤纸边沿。这时漏斗颈内应全部充满水，形成水柱。若不形成水柱，可用手指堵住漏斗下口，稍掀起滤纸的一边，用洗瓶向滤纸与漏斗间的空隙处加水，直到漏斗颈和锥体充满水。然后按紧滤纸边，慢慢松开堵住下口的手指，此时即可形成水柱。若还没有水柱形成，可能是漏斗不干净或者是漏斗形状不规范，重新清洗或调换后再用。将准

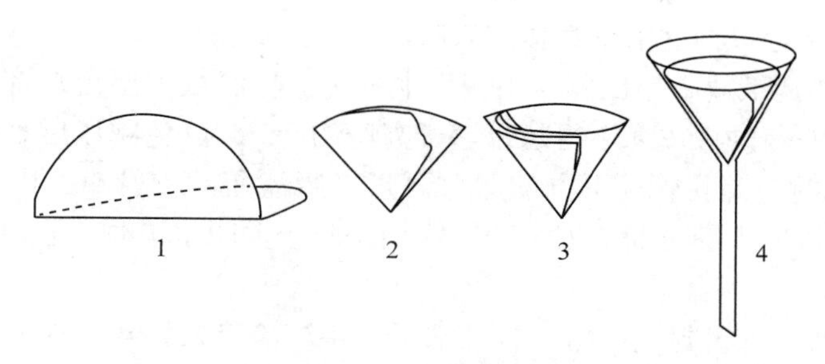

图 3-1　滤纸的叠法

备好的漏斗放在漏斗架上，盖上表面玻璃，下接一洁净烧杯，烧杯内壁与漏斗出口尖处接触。漏斗位置放置的高低应根据滤液的多少，以漏斗颈下口不接触滤液为准。收集滤液的烧杯也要用表面皿盖好。

(3)过滤。过滤操作多采用倾析法。倾析法的主要优点是过滤开始时没有沉淀堵塞滤纸，使过滤速度加快，同时在烧杯中进行初步洗涤沉淀，比在滤纸上洗涤充分，可提高洗涤效果。具体操作是待溶液中的沉淀沉降后，将玻璃棒从烧杯中慢慢取出，下端对着三层滤纸的一边，玻璃棒尽可能靠近滤纸但不接触滤纸为准(图 3-2)。将上清液倾入漏斗，液面不得超过滤纸高度的 2/3，以免少量沉淀因毛细作用透过滤纸而损失。上清液倾析完后，用洗瓶加 10 ~ 15mL 洗涤液，并用玻璃棒搅匀，待沉淀后再用倾析法过滤，如此重复 2 ~ 3 次。

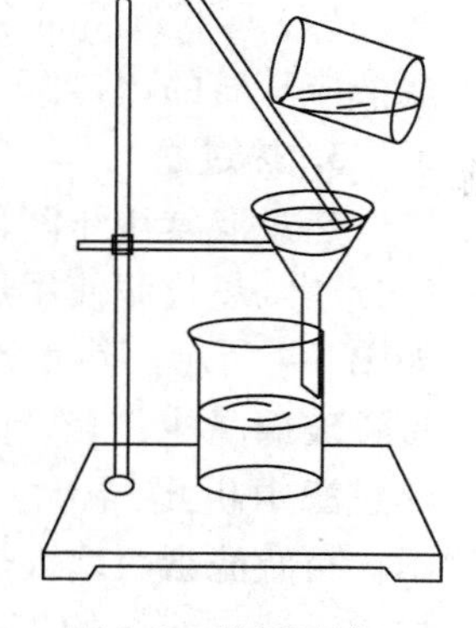

图 3-2　常压过滤

2. 减压过滤

减压过滤又称吸滤、抽滤或真空过滤。此法具有过滤速度快、沉淀内含溶剂少、易干燥等优点。但此法不适宜于胶状沉淀和颗粒太细沉淀的过滤，因为胶状沉淀在减压过滤时易透过滤纸，而颗粒太细的沉淀抽滤时，在滤纸上形成一层密实的沉淀，使溶液不易透过，达不到减压过滤的目的。减压过滤装置如图 3-3 所示。

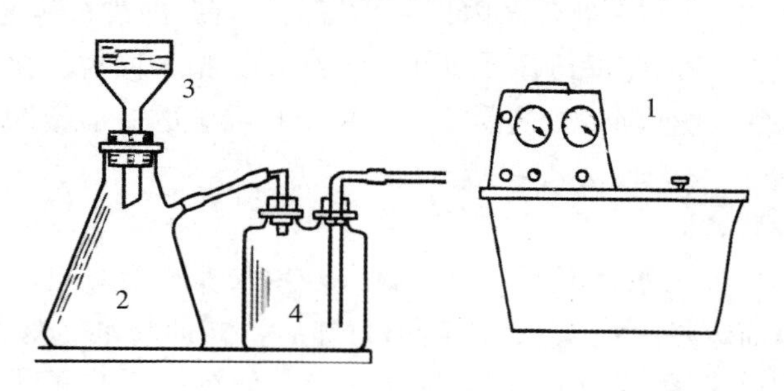

图 3-3　减压过滤装置

1. 真空水泵；2. 抽滤瓶；3. 布氏漏斗；4. 安全瓶

减压过滤装置减压的基本原理是利用减压水或其他真空泵，使吸滤瓶内形成负压，达到加速过滤的目的，减压过滤操作步骤如下：

(1)将滤纸剪成略小于布氏漏斗内径且全部盖住小孔大小。且不可将滤纸在内壁上竖起，以免沉淀不经过抽滤沿壁直接进入吸滤瓶，造成损失。

(2)将剪好的滤纸放入布氏漏斗中，用少量洗液把滤纸润湿后，将布氏漏斗装在吸滤瓶上，插入吸滤瓶的橡皮塞不得超过塞子高度的2/3，以免减压后难以拔出，一般插入1/2～2/3。同时，漏斗管径下方的斜口要正对吸滤瓶的支管口，以免减压过滤时母液经引流作用直接冲入安全瓶。安全瓶的作用是防止关闭水泵时，泵内的水回流到吸滤瓶内(称为倒吸)。

(3)检查抽滤装置密封完好后，打开水泵，将溶液流入漏斗，加入量不要超过漏斗总量的2/3。然后将沉淀转移到漏斗中，用少量洗液洗玻璃棒和容器内壁2～3次。

(4)抽滤完毕或中间停止抽滤时，首先打开安全瓶的旋塞或塞子。如果水泵与抽滤瓶直接相连应首先拔下连接抽滤瓶的橡皮塞或松开布氏漏斗，形成常压，以免倒吸，然后关闭水泵。

(5)取下布氏漏斗，将其倒扣在滤纸上，轻击漏斗边沿，使滤纸和沉淀一同落下。滤液应从瓶的上口倾出，不要从支口倾出，以免污染滤液。

3. 热过滤

热过滤常用于降低温度或在常压下易析出结晶的固液分离。热过滤使用热水漏斗(保温漏斗)。热过滤装置如图3-4所示。热水漏斗是铜质的双层套管，内放一个短颈玻璃漏斗，套管内装热水，可减少散热，不至于在热过滤中析出结晶。同时采用折叠滤纸，如图3-5所示。折叠滤纸可增大热溶液与滤纸的接触面积，以利于加速过滤。滤纸的折叠方法如下：将圆形滤纸(如果是方形滤纸可在叠好后再剪成圆形)对折再对折，打开呈半圆形，分别将1与4、3与4重叠打开成图3-5(a)；将1与6、3与5重叠打开成图3-5(b)；将1与5、3与6重叠打开成图3-5(c)；然后将每份反向对折成图3-5(d)；打开呈扇形，如图3-5(e)所示；再分别在1与2、2与3处各向内折一小折面，打开即成折叠滤纸(或扇形滤纸)，如图3-5(f)所示，在折叠时将滤纸压倒即可，不要用手指来回拉，尤其是滤纸圆心更要小心。过滤前将折好的滤纸翻转放入漏斗，以免手指弄脏的一面接触滤液。

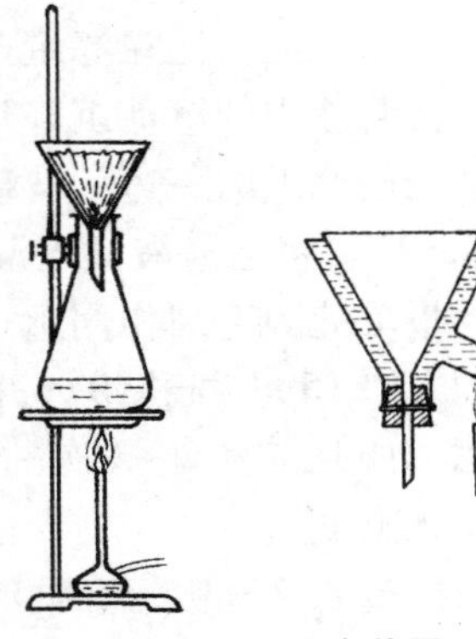

图3-4 热过滤装置

热过滤步骤如下：

(1)装好热过滤装置。

(2)在热水漏斗中加入水，不要加水太满，以免水沸腾后溢出。加热热水漏斗侧管(如溶剂易燃，过滤前应将火熄灭)，待热水微沸后，立即将准备好的热饱和溶液沿玻璃棒加入热水漏斗中的折叠滤纸上(玻璃棒切勿对准滤纸中心的底部，此处易破损，或不用玻璃棒引流，以免热溶液通过玻璃棒降温，易析出结晶)，加入热饱和溶液的液面距折叠滤纸上沿0.5～1cm，随着过滤的进行，不断补充热饱和溶液，直到加完为止(为不使热饱和溶液温度降低，可在过滤的同时，在另一火源上加热溶液，以保持温度)。

(3)待溶液过滤完后，在滤纸上仍有少量结晶析出，可用事先准备好的热水，每次少量洗2～3次，将滤纸上的结晶溶解滤下。

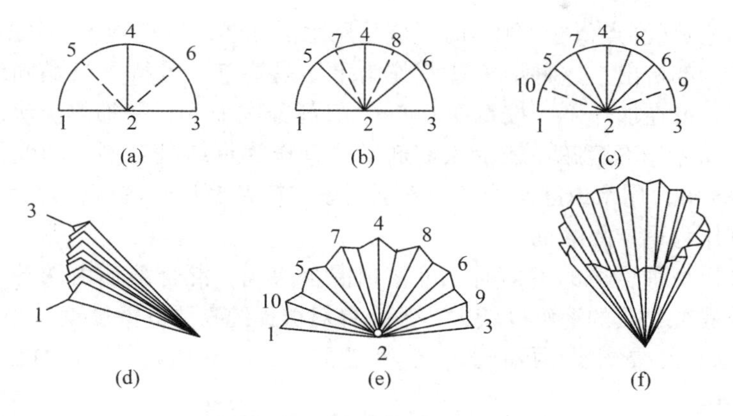

图3-5　滤纸的折叠方法

(二)重结晶

重结晶是用来分离提纯固体物质的方法之一。无论是从自然界还是通过化学反应制备的物质，往往是混合物或者含有副产物、未完全作用的原料和催化剂等，常常用重结晶法进行分离提纯。其原理是利用混合物中各组分在某种溶剂中的溶解度不同，或在同一种溶剂中不同温度下的溶解度不同，使它们相互分离，达到纯化的目的。固体物质在溶剂中的溶解度与温度关系密切，通常温度升高溶解度增大。若把固体物质溶解在热的溶剂中成饱和溶液，冷却时因溶解度降低，溶液变成过饱和溶液而析出结晶，这个过程叫作重结晶。重结晶通常适用于纯化杂质含量在5%以下的固体物质。杂质含量过高影响结晶的速度和提纯效果，往往需要多次重结晶才能提纯。有时，还会形成油状物难以析出结晶，可采取萃取和水蒸气蒸馏的方法进行初步提纯。

1. 选择溶剂

选择适当的溶剂是重结晶的关键，适当的溶剂应具备下列条件：

(1)不与被提纯物质起化学反应。

(2)被提纯物质在热溶剂中溶解度较大，在室温或更低温度的溶剂中几乎不溶或难溶。

(3)对杂质的溶解度很大(留在母液中被分离)或很小(热过滤时除去)。

(4)较易挥发，易与结晶分开。

(5)能得到较好的结晶。

(6)价廉易得，毒性小，回收率高，操作方便。

选择溶剂应根据“相似相溶”原理，查阅化学手册或有关文献，若有几种溶剂都合适时，应根据重结晶的回收率，操作的难易，溶剂的毒性、易燃性、用量和价格来选择。

在实际工作中，通常采用溶解度试验方法选择溶剂。取0.1g待重结晶的固体置于一小试管中，用滴管逐滴加入溶剂，并不断振荡，若加入1mL溶剂后，固体已全部或大部分溶解，则此溶剂的溶解度太大，不适宜作为重结晶的溶剂。若固体不溶或大部分不溶，但加热至沸(沸点低于100℃时，应采用水浴加热，以免着火)时完全溶解，冷却后，固体几乎全部析出，这种溶剂适宜作为重结晶溶剂。若待重结晶固体不溶于1mL沸腾的溶剂中，可在加热下，按每次0.5mL溶剂分次加入，并加热至沸。若加入溶剂总量达4mL，固体仍不溶解，表示该溶剂不适宜作为重结晶溶剂。即使固体能溶解在4mL沸腾的溶剂中，用水或冰水冷却，甚至用玻璃棒摩擦试管内壁，均无结晶析出，此溶剂也不适宜作为重结晶溶剂。

若难以选择一种合适的溶剂时，可使用混合溶剂。混合溶剂由两种互溶的溶剂组成，一种对被提纯物质的溶解度较大，另一种对被提纯物质的溶解度较小。常用的混合溶剂有乙醇-水、乙酸-水、丙酮-水、乙醇-乙醚、乙醚-丙酮、苯-石油醚、乙醇-丙酮、乙醚-石油醚等。

2. 溶解

在锥形瓶中加入待重结晶的固体物质，加入比计算量较少的溶剂，加热至沸，若有未溶解的固体物质，保持在沸腾状态下逐渐添加溶剂至固体恰好溶解。由于在加热和热过滤过程中溶剂的挥发，温度降低导致溶解度降低而析出结晶，最后需多加20%的溶剂，但溶剂量过大则难以析出结晶。

在溶解过程中，若有油状物出现，对物质的纯化很不利，因杂质会伴随析出，并夹带大量的溶剂。避免这种现象发生的具体方法是：选择溶剂的沸点低于被提纯物质的熔点；适当加大溶剂的用量。有机溶剂易燃又有毒性，如果使用的溶剂易燃时，应选用锥形瓶或圆底烧瓶，装上回流冷凝管。严禁在石棉网上直接加热，根据溶剂沸点的高低选用热浴。

3. 脱色

待重结晶的固体物质常含有有色杂质，在加热溶解时，尽管有色杂质可溶解于有机溶剂，但仍有部分被晶体吸附不能除去。有时在溶液中还存在少量树脂状物质或极细的不溶性杂质，用简单的过滤方法不易除去，加入活性炭可吸附色素和树脂状物质。使用活性炭应注意以下几点：

(1)活性炭应在溶液稍冷后加入，切不可在溶液沸腾状态加入，否则易形成暴沸。

(2)活性炭加入后，需在搅拌下加热煮沸3~5min。若脱色不净，待稍冷后补加活性炭，继续在搅拌下加热至沸。

(3)活性炭的加入量视杂质多少而定，一般为粗品质量的1%~5%。若加入量过多，会吸附一部分纯产品，使产率降低；若加入量过少，达不到脱色目的。

(4)活性炭在使用前，应在研钵中研细，增大表面积，提高吸附效率。除用活性炭脱色外，还可采用层析柱脱色，如氧化铝吸附色柱。

4. 热过滤

待重结晶固体经溶解、脱色后，要进行过滤，除去吸附了有色杂质的活性炭和不溶解的固体杂质。为了避免在过滤时溶液冷却析出结晶，造成操作困难和损失，应尽快完成操作。通常采用热水漏斗和折叠滤纸(图3-4、图3-5)。

将热溶液迅速冷却并剧烈搅动后，可得到很细小的结晶，细小结晶包含杂质很少，但由于表面积大，吸附在表面上的杂质较多。若将热溶液在室温或保温静置使其缓慢冷却，析出的晶粒较大，往往有母液或杂质包在晶体内。因此，当发现大晶体开始形成时，轻轻摇动使其形成较均匀的小晶体。为使结晶更完全，可使用冰水冷却。如果溶液冷却后仍不结晶，可采用以下方法促使晶核的形成：

(1)用玻璃棒摩擦器壁，以形成粗糙面或玻璃小点作为晶核，使溶质分子呈定向排列，促使晶体析出。

(2)加入少量该溶质的晶体，这种操作称为“接种”或“种晶”。

(3)也可将过饱和溶液置于低温环境(如冰箱内)较长时间析出结晶。

5. 抽滤

把结晶从母液中分离出来，一般采用布氏漏斗进行减压过滤。减压过滤装置如图3-4所示。

6. 结晶的干燥、称重与测定熔点

减压过滤后得到的结晶，其表面还吸附有少量溶剂，根据所用溶剂和结晶的性质，可采用自然晾干、红外线干燥、真空恒温干燥或在烘箱内加热等方法干燥。充分干燥后的结晶，称其质量，计算产率，最后测其熔点。若纯度不符合要求，可重复重结晶操作，直至与熔点吻合为止。

【实验范例】

苯甲酸重结晶

称取粗苯甲酸5g置于250mL锥形瓶中，加水80mL，在石棉网上加热至沸，并用玻璃棒不断搅动，使固体溶解。若固体(有时会有油状物)未完全溶解，可继续分批每次加水2~3mL，至完全溶解，记下加水总量，再多加2~5mL水。移去热源，稍冷后加1g活性炭，搅拌后继续加热3~5min，除去有色杂质。趁热用放有折叠滤纸的热水漏斗过滤，用烧杯接收滤液。在过滤过程中，热水漏斗和溶液均用小火加热保温。滤液放置冷却，充分结晶后抽气过滤，抽干后用玻璃钉或玻璃瓶塞压挤晶体，继续抽滤，尽量除去母液，然后洗涤晶体。取出晶体，放在表面皿上晾干或在100℃以下烘干，称重，测其熔点(122.4℃)。其操作按实验操作部分要求进行。

乙酰苯胺重结晶

称取粗乙酰苯胺2g，加水30mL，其余操作同上述苯甲酸重结晶。

(三)升华

升华是提取固体有机化合物的方法之一。某些物质在固态时具有相当高的蒸气压，当加热时，不经过液态直接汽化，蒸气受冷后又变成固态，这个过程叫作升华。利用升华的方法提纯物质，可除去不挥发性杂质，或分离不同挥发性的固体混合物，得到产品的纯度较高。升华的操作时间较长，损失也较大，通常在实验室中仅用升华来提纯少量(1~2g)的固体物质。通常，对称性较高的固体物质具有较高的熔点，且在熔点温度以下具有较高的蒸气压，易于用升华来提纯。

1. 常压升华

常用的升华装置如图3-6(a)所示，首先将升华物质粉碎，平铺在表面皿上，上面覆盖一张刺有小孔的滤纸，然后将大小合适的玻璃漏斗盖在上面，漏斗的径口塞脱脂棉团或玻璃毛，减少蒸气逸出。在石棉网上缓慢加热蒸发皿(最好用沙浴或其他热浴)，小心调节火焰，使浴温低于被升华物质的熔点，使其慢慢升华，蒸气通过滤纸上的小孔上升，冷凝在滤纸或漏斗壁上。必要时外壁可用湿布冷却。

在空气或惰性气流中进行升华的装置如图3-6(b)所示，在锥形瓶上配二孔塞，一孔插入玻璃管导入空气；另一孔插入接液管，接液管的另一端伸入圆底烧瓶中，烧瓶口塞一些棉花或玻璃毛，当物质开始升华时，通入空气或惰性气体，带出的升华物质遇到冷水冷却的烧瓶壁就凝结在壁上。

2. 减压升华

减压升华装置如图3-6(c)所示。把升华物质放入吸滤瓶中，将装有指形冷凝管的橡皮塞塞紧管口，利用水泵或油泵减压，将吸滤管浸在水浴或油浴中缓慢加热，使之升华，升华物质冷凝在指形冷凝管的表面。

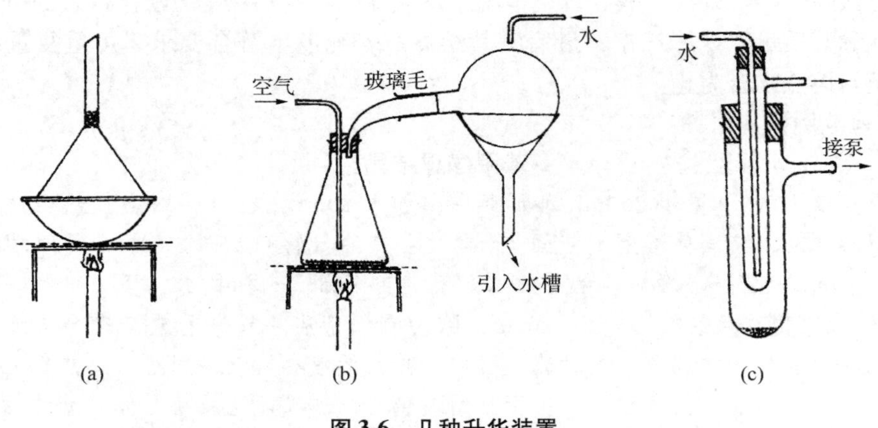

图3-6 几种升华装置

二、液体化合物的分离与提纯

(一)蒸馏

蒸馏是将液体物质加热至沸腾，使液体变为蒸气，再将蒸气冷凝为液体的过程。液体物质的蒸气压只与体系的温度有关，而与体系中液体的总量无关。因此，当液体物质受热时，其蒸气压随温度的升高而增加，当液面蒸气压与外界大气压相等时，就有大量气泡从液体内部逸出，即液体沸腾，这时的温度称为该液体的沸点。通常所说的沸点是指在101.325kPa(标准大气压)下液体物质沸腾时的温度。由于纯液体物质在一定压力下具有固定的沸点，因此，可用蒸馏的方法来检查液体物质的纯度。蒸馏可将易挥发和不易挥发的物质分离，也可将沸点不同的液体混合物分离。蒸馏通常是用来分离沸点差(30℃)较大的液体物质。纯液体物质在蒸馏过程中沸点范围很小(0.5～1℃)，所以可用蒸馏来测定液体物质的沸点。用蒸馏法测定沸点的方法叫常量法，此法液体用量较大，需

10mL以上。

将蒸馏瓶中的液体加热时，溶解在液体内部的空气或以薄膜形式吸附在瓶壁上的空气有助于气泡的形成，作为大气泡的核心形成汽化中心。如果液体中有许多小空气泡或其他汽化中心，液体即可平稳沸腾。如果液体中几乎不存在空气，瓶壁又非常洁净和光滑，形成气泡很困难。当加热时，液体的温度可能超过沸点很多而不沸腾，这种现象称为“过热”。一旦有一个气泡形成，由于此时液体的蒸气压已远远超过大气压力，气泡增大得非常快，甚至将液体冲出瓶外，这种不正常沸腾称为暴沸。因此，在加热前应加入助沸物(如碎瓷片、沸石等)。除此之外，还可加入几根一端封闭的毛细管以引入汽化中心(毛细管的长度应足够长，开口一端向下放，封口一端可放在蒸馏瓶的颈部)。如果在加热前忘记加入助沸物，必须停火，待溶液冷至沸点以下方可补加，或者因某种原因实验被迫中断，排除故障后，在加热前必须重新补加助沸物。因开始加入的助沸物在加热时逐出了部分空气，在停火冷却后吸附了液体，助沸物已经失活。某些液体物质能和其他组分形成二元或三元恒沸混合物，它们也有固定的沸点，因此不能认为沸点固定的物质都是纯净物质。

1. 仪器及其选择

常用的常压蒸馏装置由蒸馏瓶、温度计、冷凝管、接液管和接液瓶组成，如图3-7所示。

(1)蒸馏瓶。蒸馏瓶为一容器。待蒸馏液体在瓶内受热汽化，蒸气经蒸馏头支管进入冷凝管。根据被蒸馏液体的体积选择大小合适的蒸馏瓶。通常待蒸馏液体应占蒸馏瓶容积的1/3～1/2。

(2)温度计。应根据蒸馏液的沸点选用温度计，温度计水银球的上沿应和蒸馏头侧管的下沿在同一水平线上。

(3)冷凝管。冷凝管为一双层玻璃套管，冷凝水由冷凝管的下口进入双管中间一层，经橡胶管排入水槽，冷凝管出水口应朝上，以使冷凝管充满水。经加热汽化后的蒸

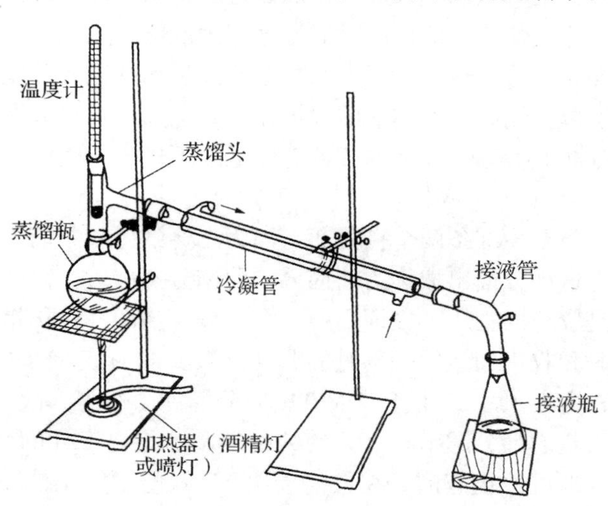

图3-7　常压蒸馏装置

气进入冷凝管，被逆流相遇的水冷凝为液体。蒸馏液体的沸点在140℃以下时，用直形冷凝管冷凝；沸点在140℃以上时，由于温差较大，冷凝管易炸裂，应采用空气冷凝管。液体沸点很低时，可采用蛇形冷凝管。

(4)接液管和接液瓶。接液瓶常用锥形瓶，接收器应与大气相通，否则加热后会造成爆炸事故。如果蒸馏毒性较大的物质，以免少量没有完全冷凝的毒性气体排入室内，应采用带有支管的接液管，在接液管上接一根橡胶管，引入室外或水槽内。

2. 仪器的安装

按图3-7安装仪器。仪器安装的原则是从热源开始，从下到上，从左到右的顺序。根据热源高度固定铁架台上铁圈(或三脚架)的位置，其高度以加热时灯外焰能燃及石棉网(或水浴锅底、油浴锅底)为宜。然后安装蒸馏瓶。瓶底应距石棉网1～2mm，不要触及石棉网。用水浴或油浴时，瓶底应距水浴(或油浴)锅底1～2cm，蒸馏瓶用铁夹垂直夹安装冷凝管时，应先调整冷凝管的位置与蒸馏头的侧管同轴，连接好后，用铁夹夹住冷凝管的中间部位，铁夹夹得松紧要适宜，以夹住后稍用力尚能转动为宜。完好的铁夹应用剪好的橡胶管套上，以免铁夹与玻璃仪器直接接触夹破仪器。冷凝管出口处连接接液管，用锥形瓶或圆底烧瓶接收馏出液。正式接收馏出液的接液瓶应事先称重并做记录。

安装蒸馏装置要正确端正，横平竖直。装好的仪器装置不论从正面或侧面观察，都应在同一平面内。铁夹应整齐地放在仪器的背后。

3. 实验操作

实验开始前应认真检查装置的各部分连接是否紧密稳妥。实验开始时，若用水冷凝管冷凝，先将橡胶管小心地连接好，进水口与水龙头相连，出水口伸入水槽，慢慢打开水龙头通入冷水然后点火加热(若沸点太低，不要用明火直接加热)。加热至沸，蒸气逐渐上升，温度计的读数也略有上升。当蒸气的顶端达到温度计水银球的部位时，温度计的读数就急剧上升，这时应调小火焰，使加热速度稍微减慢，使温度计水银球上总保持有液滴，即液体和蒸气保持平衡，此时的温度即为液体与蒸气平衡的温度。温度计的读数即为馏出液的沸点。若加热的火焰太大，会造成过热现象，温度计水银球上的液滴会消失，温度计的读数会偏高。若加热的火焰太小，蒸馏进行得太慢。由于蒸气不能将温度计的水银球充分润湿，温度计上的读数会偏低或不规则。因此，一般要求蒸馏速度为每秒1～2滴。

在进行蒸馏时，要至少准备两个接液瓶，因为在达到要收集馏出液的沸点以前，常有低沸点液体蒸出，这部分馏出液称为前馏分。前馏分蒸出后，温度逐渐上升并趋于稳定，这时蒸出的就是较纯的物质。立即更换一个干燥、洁净并已称重的接液瓶。记下这部分液体开始馏出时和收集到最后一滴时的温度读数，即为该馏分的沸程(沸点范围)。一般纯净物质的沸程为1～2℃，由于蒸馏方法的分馏能力有限，故在一般蒸馏操作中，收集的馏分较宽。收集的馏分越窄，馏分的纯度越高。待温度计的水银柱突然下降时，该馏分已全部蒸出，即可停止蒸馏。在任何情况下(即使温度仍然稳定)也不能将液体蒸干，以免蒸馏瓶破裂或发生其他意外事故。蒸馏完毕，应先停止加热，待稍冷后停止通冷凝水。拆除仪器的顺序与安装时相反。

【实验范例】

工业酒精的蒸馏

在125mL蒸馏瓶中，用玻璃漏斗加入60mL工业酒精，加2～3粒沸石。按图3-7装好仪器。检查仪器完好后，缓慢打开水龙头通入冷凝水，然后用水浴加热。开始火焰可稍大一些，并注意观察蒸馏瓶中蒸气的上升情况和温度计读数的变化，当瓶内液体开始沸腾时，蒸气前沿逐渐上升，待升至温度计水银球时，温度计读数急剧上升。此时，应适当调小火焰，控制馏出的速度为每秒1～2滴。当温度计读数上升到77℃时，换一个已称量过的洁净干燥的接液瓶，收集77～79℃的馏分。当瓶内剩下少量(0.5～1mL)液体时，即可停止蒸馏，不要把液体蒸干(若控制原来的加热速度，温度计的读数会突然下降，即可停止加热)。将收集馏分称量或量其体积，计算回收率。其他操作按前述实验操作要求进行。

（二）减压蒸馏

减压蒸馏是分离和提纯液体(或低熔点固体)有机化合物的一种重要方法。它特别适用于高沸点或在常压下蒸馏发生分解、氧化或聚合的有机化合物的分离提纯液体物质的蒸气压与外界大气压相等时的温度即为沸点。因此，液体物质的沸点与大气压力有关，随大气压力的变化而改变。若用真空泵与蒸馏装置连接，使液面上的压力降低，沸点也随之降低。这种在较低压力下的蒸馏称为减压蒸馏。

减压蒸馏

许多高沸点液体有机化合物的蒸气压降至2 666Pa时，其沸点比常压(101.325kPa)下的沸点低80～120℃。当减压蒸馏在1 333～3 332Pa进行时，大体上压力相差1 333Pa，沸点相差约1℃。蒸馏时预先估计出相差的沸点，对具体操作和选择合适的温度计具有一定的参考价值。

有时在文献上查不到与减压蒸馏压力相应的沸点，可采用更方便的方法，如图3-8

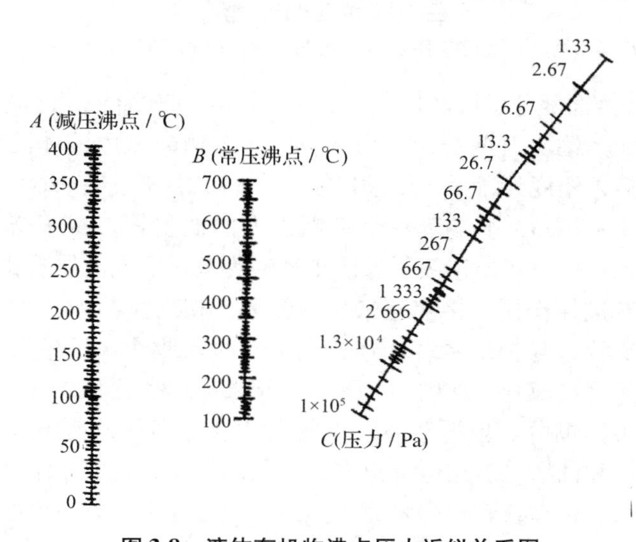

图3-8　液体有机物沸点压力近似关系图

所示。例如，苯甲醛的沸点为179.5℃，欲找出减压至2 666Pa时的沸点，可在图3-8中的*B*线上找出179℃的一点，将此点与*C*线上2 666Pa处的一点做连线，其反向延长线与*A*线相交，其交点所显示的温度即为压力降至2 666Pa时苯甲醛的沸点约为75℃。

1. 减压蒸馏装置

常用的减压蒸馏装置由蒸馏、抽气以及在它们之间的保护和测压装置3部分组成，如图3-9所示。

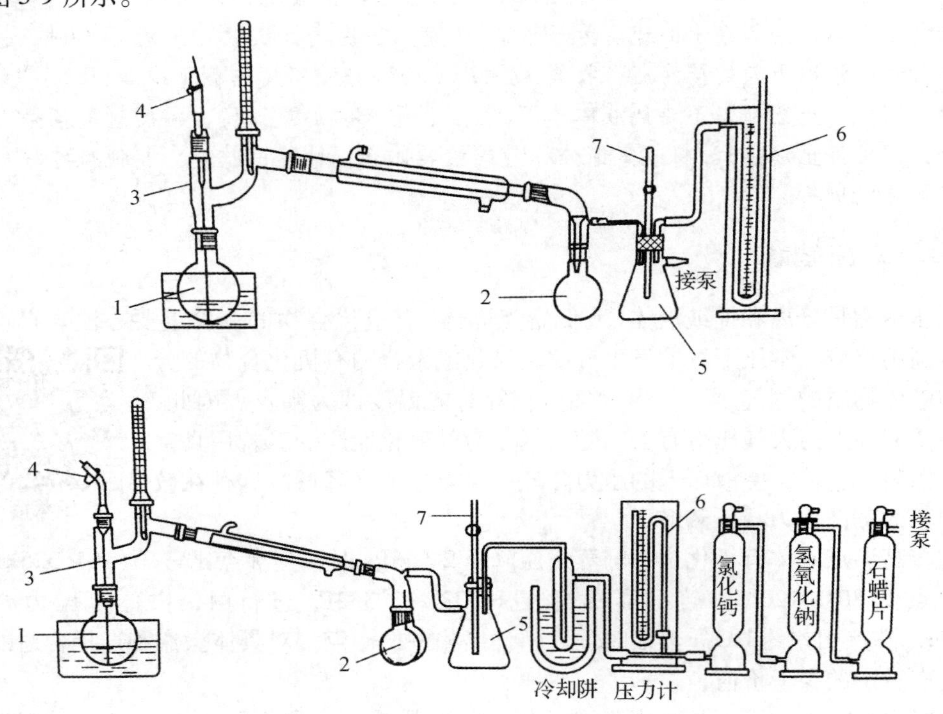

图3-9　减压蒸馏装置

1. 蒸馏瓶；2. 接液瓶；3. 克氏蒸馏头；4. 螺旋夹；5. 安全瓶；6. 压力计；7. 二通旋塞

(1)蒸馏部分。蒸馏部分由圆底烧瓶、克氏(Claisen)蒸馏头、冷凝管、多尾接液管和接液瓶组成。克氏蒸馏头有两个颈，为避免减压蒸馏时瓶内液体因沸腾冲入冷凝管中，其中一个颈口插入温度计，另一个颈口插入一根末端拉成毛细管的厚壁玻璃管，毛细管的末端距瓶底1～2mm，上端套一个带螺旋夹的橡皮管。减压蒸馏时，调节螺旋夹，控制空气的进入量，以冒出连续平稳的小气泡为宜，形成液体沸腾的汽化中心，防止暴沸，同时也具有搅拌作用。接液瓶采用蒸馏瓶，切勿用不耐压的平底烧瓶或锥形瓶。接液管要带有支管，与抽气系统相连，在蒸馏时若收集不同馏分，为不使蒸馏中断，可采用两尾或多尾接液管，如图3-9所示。蒸馏时，根据不同馏分的沸点范围，转动多尾接液管收集不同馏分。根据蒸馏液体物质的沸点不同，选用合适的热浴和冷凝管。实验室常用水浴和油浴，若用电加热套，应采用调压装置控制温度。蒸馏沸点较高的物质时，最好使用石棉布或石棉绳将克氏蒸馏头包裹起来，以减少散热，控制热浴的温度比液体的沸点高20～30℃。

（2）抽气（减压）部分。实验室常用水泵或油泵进行减压。水泵有玻璃和金属两种。若不需要很低的压力可采用水泵。若水泵的质量好且水压又高时，理论上可减压至相应水温下的水蒸气压。例如，水温在25℃、20℃、10℃时，水蒸气压分别为3 192Pa、2 394Pa、1 197Pa。用水泵减压时，应在水泵前装安全瓶，以防水压下降时水倒吸。目前使用较多的是水循环泵，若需要很低的压力，则采用油泵。油泵的效能取决于油泵的机械结构和油的质量，优质油泵可减压至10Pa以下。用油泵，若蒸馏挥发性较大的有机物质，易被油吸收，蒸气压增大，降低减压效能；若有酸性蒸气，易腐蚀油泵；若有水蒸气，被油乳化，降低油质，破坏油泵的正常工作，因此，使用油泵时，必须注意油泵的养护。

（3）保护及测压部分。使用油泵减压时，为了防止易挥发的有机溶剂、酸性物质和水蒸气进入油泵，必须在接液管和油泵之间顺次安装安全瓶、冷却阱、压力计和吸收塔。安全瓶上装有二通旋塞，通过旋转旋塞放气，调节系统压力，防止倒吸。将冷却阱置于装有冷却剂的广口保温瓶中。冷却剂的选用随温度而定，如可用水-冰、冰-盐、干冰-丙酮等。干冰-丙酮效果较好，可降温至－78℃。有条件可用液氮，因液氮沸点较低（－196℃），冷却效果较好，可省去吸收塔。

实验室采用水银压力计（图3-10）测量减压系统的压力，通常使用的有封闭式和开口式压力计。封闭式压力计的两臂液面高度之差即蒸馏系统的压力，测定压力时，可将管后木座上的滑动标尺的零点调整到右臂的汞柱顶端线上，这时左臂的汞柱顶端线所指示的刻度即为系统压力。封闭式压力计的优点是轻巧方便，但若有残留空气，或引入了水和杂质时，其准确度受到影响。开口式压力计的两臂汞柱高度之差，即为大气压力与系统压力之差。因此，蒸馏系统内的实际压力（真空度）应是大气压力减去这一压力差。开口式压力计的优点是装汞方便，比较准确。吸收塔内通常分别装有无水氯化钙或硅胶（用于吸收经过冷却阱尚未除净的残余水蒸气）、氢氧化钠（用于吸收酸性蒸气）和石蜡（用于吸收烃类气体）。若蒸气中含有碱性蒸气或有机溶剂蒸气，则要增加吸收这些气体的吸收塔。

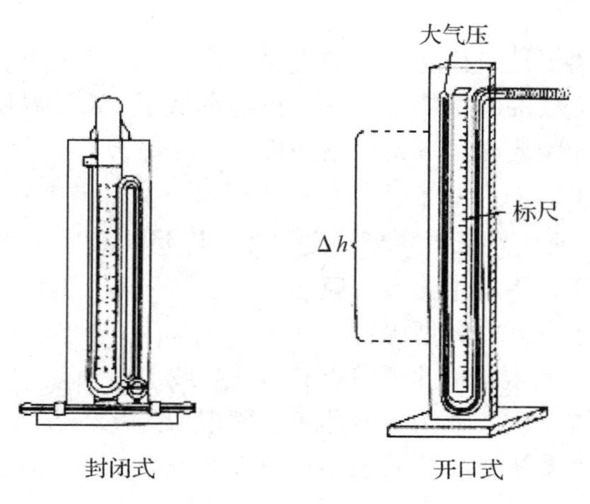

图3-10　水银压力计

2. 减压蒸馏实验操作

在被蒸馏物中含有低沸点物质时，应先进行普通蒸馏，然后用水泵减压蒸去低沸点物质，最后再用油泵减压蒸馏。

(1)在圆底烧瓶中加入待蒸馏液体不超过容积的1/2。按图3-9安装减压蒸馏装置。首先打开安全瓶上的活塞，旋紧克氏蒸馏头上毛细管的螺旋夹，然后开泵抽气，并逐渐关闭活塞，观察能否达到要求的真空度。如果因漏气达不到所需真空度，检查各部位的接口处和橡胶管的连接是否紧密，进行调整。必要时可用熔融的固体石蜡密封，密封时应解除减压，石蜡不能涂得太多，以免污染。若真空度太大，可小心旋转活塞，使空气慢慢进入，调节至所需真空度。调节螺旋夹，使液体中有连续平稳的小气泡进入。

(2)达到所需真空度后，开启冷凝水，选用合适的热浴加热蒸馏。热浴的温度一般较液体的沸点高20~30℃。液体沸腾时，始终观察温度计和真空度的读数，若有变化，应调节热源和毛细管上的螺旋夹，使蒸馏速度为每秒1~2滴。待达到所需沸点时，需调换接液瓶。此时移去热源，稍冷后，缓慢打开安全瓶活塞。否则，汞柱急剧上升，有冲破压力计的危险。然后松开毛细管上的螺旋夹，切断电源，取下接液瓶，装上另一个洁净的接液瓶，重复前述操作。若用多尾接液管，只需转动接液管的位置，即可继续接收其他馏分。

(3)蒸馏完毕，移去热源，取下热浴，稍冷后，缓慢打开安全瓶活塞，缓慢解除真空，待体系内外的压力平衡后方可关闭油泵。否则，由于体系内的压力较低，油泵中的油就有可能吸入干燥塔内。

【实验范例】

乙酰乙酸乙酯的减压蒸馏

在100mL蒸馏瓶中加入30mL乙酰乙酸乙酯，按图3-9安装好仪器。蒸馏瓶浸入热浴的深度不超过其容积的2/3。检查仪器装置及密封完好后，按前述实验操作进行减压蒸馏。

(三)水蒸气蒸馏

水蒸气蒸馏是分离提纯有机化合物的常用方法之一。水蒸气蒸馏是将水蒸气通入不溶或难溶但有一定蒸气压的有机物中，使有机物在低于100℃温度下，随水蒸气一起蒸馏出来的过程，被提纯物质必须具备以下条件：

①不溶或难溶于水。

②在100℃左右具有一定蒸气压(一般不低于1.33kPa)。

③与水一起沸腾时，不发生化学反应。

水蒸气蒸馏常用于下列几种情况：

①在常压下蒸馏易发生分解的高沸点有机化合物。

②含有较多固体混合物，而用一般蒸馏、萃取或过滤等方法又难以分离的物质。

③混合物中含有大量树脂状物质或不挥发性杂质，采用蒸馏或萃取方法难以分离的物质。

④从某些天然产物中提取有效成分。

当不溶或难溶于水的物质与水一起共热时，根据道尔顿分压定律，整个体系的蒸气压应为各组分蒸气压之和，即 $p = p_A + p_B$，其中，p 表示混合物中总蒸气压；p_A表示不溶或难溶于水物质的蒸气压；p_B表示水的蒸气压。当混合物的总蒸气压与外界大气压相等时，这时的温度即为它们的沸点，此沸点必然低于任一组分的沸点。即该有机化合物在比其正常沸点低得多的温度下，而且在低于100℃的温度下可与水一起蒸馏出来。

1. 水蒸气蒸馏装置

水蒸气蒸馏装置主要由水蒸气发生器、长颈圆底烧瓶、直形冷凝管和接收器组成，如图 3-11 所示。

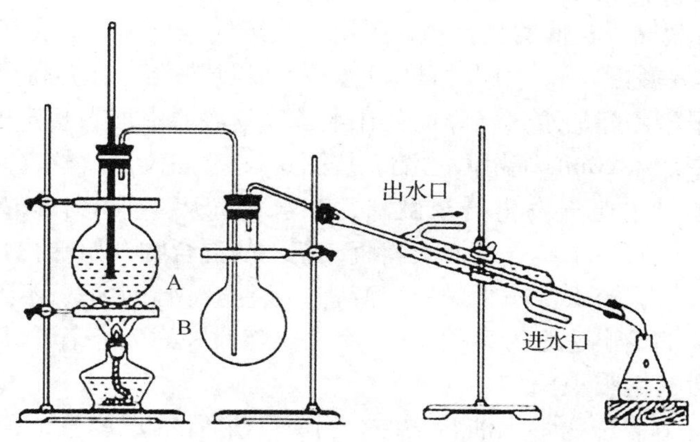

图 3-11　水蒸气蒸馏装置

常用的水蒸气发生器由铁皮制成，其侧面装一玻璃管(液位管)，与发生器内部相通，用于观察水位。也可用1 000mL 长颈圆底烧瓶代替，发生器内装水一般不超过其容量的3/4，瓶口配一双孔软木塞，其中一孔插长 1m 左右、直径约 5mm 的玻璃管，作为安全管，玻璃管的下端接近瓶底。如果蒸气压力太大或系统发生堵塞，水可沿玻璃管上升，以调节压力，防止危险发生。若有堵塞，应拆下装置进行排除。另一孔插入一支弯成 90°角、内径约 8mm 的水蒸气导出管，与 T 形管相连，T 形管的支管套一短橡胶管，用螺旋夹夹住，T 形管的另一端与水蒸气导入管相连，这段水蒸气导入管要尽可能短，以减少水蒸气的冷凝。T 形管用于及时除去冷凝下来的水。若操作出现故障时，也可使其与大气相通，以便排除故障。

蒸馏瓶通常采用长颈圆底烧瓶，为防止瓶中液体冲入冷凝管而沾污馏出液，烧瓶以45°角放蒸馏瓶口配一双孔软木塞，一孔插入蒸气导入管，蒸气导入管一端应弯成 135°角。尾端也弯曲，使之与台面垂直地正对瓶底中央并伸到接近瓶底，使水蒸气与被蒸馏物质充分接触，并起搅拌作用。另一孔插入弯成 30°角的玻璃管，与冷凝管相连，馏出液通过接液管进入接液瓶。目前已有配套的磨口仪器，使用起来更方便。

2. 水蒸气蒸馏实验操作

在水蒸气发生器中加入不超过容积 3/4 的水，然后将欲分离的物质(混合液或有少量水的固体物质)放入蒸馏瓶中(瓶内液体不超过其容积的 1/3)，按图 3-11 装好仪器。打开 T 形管上的螺旋夹，加热水蒸气发生器，接近沸腾后夹紧 T 形管上的螺旋夹，使水蒸气均匀地进入蒸馏瓶，同时在冷凝管内通冷凝水。为不使蒸气过多地在蒸馏瓶中冷凝下来，可在石棉网上用小火加热蒸馏瓶。控制加热速度，使蒸气全部冷凝下来为宜。如果随水蒸气挥发的物质具有较高的熔点，冷凝后易析出固体，可暂时停止通冷凝水，甚至将冷凝水放掉，使固体熔融后流入接液瓶。当重新通冷凝水时，为避免冷凝管骤冷而炸裂，应缓慢通入，如果已经堵塞冷凝管，应立即停止蒸馏，进行疏通(用玻璃棒通出或用电吹风熔化固体，也可在冷凝管内注入热水)。当馏出液变得澄清透明，不再有油状物时，蒸馏即可结束。蒸馏完毕或被迫中断时，必须先打开T形管上的螺旋夹与大气相通，然后方可停止加热、移去热源，否则会造成倒吸。

在100℃左右蒸气压较低的化合物，可用过热蒸气进行蒸馏。在T形管和发生器之间连一段铜管(螺旋形更好)，用火加热铜管，形成过热蒸气，提高蒸气温度，同时烧瓶用油浴，粗苯甲酸乙酯的水蒸气蒸馏：在水蒸气发生器中加入其容积约2/3的水，在100mL圆底烧瓶中加入20mL苯甲酸乙酯，按图3-11装好仪器。检查完好后，打开T形管上的螺旋夹，加热水蒸气发生器至微沸，有水蒸气从T形管冲出时，旋紧螺旋夹，同时通入冷凝水。此时，水蒸气通入蒸馏瓶，瓶中的混合物开始沸腾，很快馏出物在冷凝管中冷凝为乳浊液，流入洁净干燥的接液瓶。要注意调节火焰，不致瓶内液体飞溅太厉害，控制馏出液的馏出速度为每秒2～3滴。要随时注意安全管中水柱的上升情况和烧瓶内的液体是否有倒吸现象。

当馏出液变得澄清透明、无油状物时，打开T形管的螺旋夹，停止加热。将馏出液倒入分液漏斗中，待分层后，分出有机层，置于锥形瓶中，加适量无水氯化钙干燥，振荡至透明，过滤后称重或量取体积。

(四)分馏

利用分馏柱将沸点比较接近的两种或两种以上能互溶的液体混合物进行分离和纯化的过程叫作分馏。普通蒸馏分离沸点相差较大的液体混合物效果较好，但沸点相差不大的液体混合物气相中各组分的含量相差不大，用普通蒸馏难以分离。可采用多次反复蒸馏的方法，但太烦琐损失又大，实际上很少使用。在实验室中常利用分馏，即将多次汽化、冷凝过程在一次操作中进行的方法。这种方法既克服了多次蒸馏的烦琐，又可有效地分离沸点相近的混合物。混合物受热汽化后，在分馏柱中受柱外空气的冷却，低沸点的组分上升，高沸点组分被冷凝下来。高沸点组分在下降时，与上升的蒸气进行热交换，高沸点组分又被冷凝下来，低沸点组分继续上升，在热交换中，上升蒸气中低沸点组分含量增多，而下降的冷凝液中高沸点组分增多如此多次反复进行气、液两相的热交换，就达到了多次蒸馏的效果，使低沸点组分不断上升，进入冷凝管被蒸馏出来，高沸点组分不断流回蒸馏瓶，达到分离的目的。

1. 简单分馏装置

实验室中的简单分馏装置由蒸馏瓶、分馏柱、冷凝管和接收器组成，如图3-12所示。分馏柱的种类很多，实验室中使用的分馏柱有填充式(又叫Hempel)和刺形(又叫韦式，Vigreux)分馏柱。填充式分馏柱是在柱内填充玻璃管，玻璃珠，陶瓷或螺旋形、马鞍形、网状等各种形状的金属片或金属丝，其分离效率高。韦氏分馏柱结构简单，较填充式黏附液体少，分离效率低。无论使用哪一种分馏柱，都要防止回流液体在柱内聚集，以免影响回流液体与上升蒸气的接触机会，甚至使上升蒸气把液体冲入冷凝管，形成“液泛”，降低分馏效率。

2. 分馏实验操作

简单分馏与蒸馏基本相似。分馏是将混合物加入蒸馏瓶中，加入几粒沸石，按图3-12装好仪器，仔细检查仪器完好后进行。液体开始沸腾时，注意调节浴温，使蒸气缓慢升入分馏柱，当蒸气上升至柱顶时，温度计水银球即出现液滴。此时调小火焰，使蒸气仅升至柱顶而不进入冷凝管，维持5min左右，稍调大火焰，使馏出液流出，控制馏出速度为每2～3秒一滴。馏出速度太快，产品纯度不高，上升蒸气不平稳，馏出温度上下波动。当室温低或液体沸点高时，为减少柱内热量散失，可用石棉绳或石棉布将分馏柱包起来。待低馏分蒸完后，温度计的水银柱骤然下降。然后再慢慢升高温度，按各组分的沸点分馏出各组分。

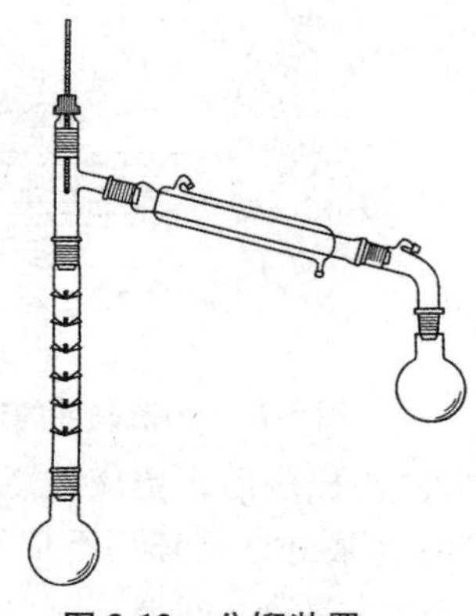
图3-12　分馏装置

欲使实验顺利进行，得到较好的分馏效果，实验时应注意以下几点：

①分馏一定要缓慢进行，控制恒定的蒸馏速度。

②选择合适的回流比(在单位时间内，由柱顶冷凝返回分馏柱中液体的量与馏出物的量之比)，有足量的液体从分馏柱流回蒸馏瓶。

③尽量减少分馏柱上热量散失，始终维持温度平衡。

【实验范例】

甲醇和水的分馏

在100mL圆底烧瓶中加入25mL甲醇和25mL水，加入几粒沸石，按图3-12装好仪器。检查仪器完好后，用水浴缓慢加热，开始沸腾后，控制馏出速度(每2～3秒一滴)，立即记下第一滴馏出液流出的温度。将初馏出液收集于接液瓶中，温度达65℃时换接液瓶接收。然后温度分别达70℃、80℃、90℃、95℃时换接液瓶，直至蒸馏瓶中残液为1～2mL时停止加热，量取各组分的体积。

三、萃取分离

萃取和洗涤是利用物质在不同溶剂中的溶解度不同来进行分离的操作。萃取和洗涤在原理上是一样的，只是目的不同。从混合物中抽取的物质，如果是我们所需要的，这种操作叫作萃取或提取；如果是我们所不要的，这种操作叫作洗涤。

(一)液-液萃取

通常用分液漏斗来进行液-液萃取。必须事先检查分液漏斗的盖子和旋塞是否严密，以防分液漏斗在使用过程中发生泄漏而造成损失(检查的方法通常是先用水试验)。

在萃取或洗涤时，先将液体与萃取用的溶剂(或洗液)由分液漏斗的上口倒入，盖好盖子，振荡漏斗，使两液层充分接触。振荡的操作方法一般是先把分液漏斗倾斜，使

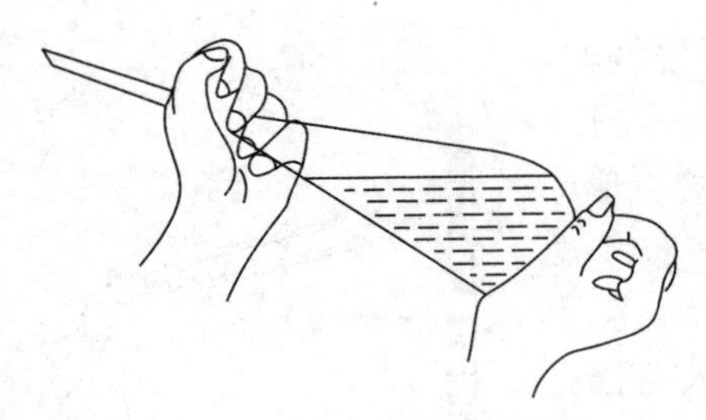
图3-13 分液漏斗的使用

漏斗的上口略朝下，如图3-13所示，右手捏住漏斗上口颈部，并用食指根部压紧盖子以免盖子松开，左手握住旋塞；握持旋塞的方式既要能防止振荡时旋塞转动或脱落，又要便于灵活地旋开旋塞。振荡后，令漏斗仍保持倾斜状态，旋开旋塞，放出蒸气或发生的气体，使内外压力平衡；若在漏斗内盛有易挥发的溶剂(如乙醚、苯等)或用碳酸钠溶液中和酸液，振荡后，更应注意及时旋开旋塞，放出气体。振荡数次以后，将分液漏斗放在铁环上(最好把铁环用石棉绳缠扎起来)，静置，使乳浊液分层。有时，有机溶剂和某些物质的溶液一起振荡，会形成较稳定的乳浊液。在这种情况下，应该避免急剧的振荡。如果已形成乳浊液，且一时又不易分层，则可加入氯化钠等电解质，使溶液饱和，以降低乳浊液的稳定性；轻轻地旋转漏斗，也可使其加速分层。在一般情况下，长时间静置分液漏斗，可达到使乳浊液分层的目的。

分液漏斗中的液体分成清晰的两层以后，就可以进行分离。分离液层时，下层液体应经旋塞放出，上层液体应从上口倒出。如果上层液体也经旋塞放出，则漏斗旋塞下面颈部所附着的残液就会把上层液体弄脏。先把顶上的盖子打开(或旋转盖子，使盖子上的凹缝或小孔对准漏斗上口颈部的小孔，以使与大气相通)，把分液漏斗的下端靠在接受器的壁上。旋开旋塞让液体流下，当液面间的界限接近旋塞时，关闭旋塞，静置片刻，这时下层液体往往会增多一些。再把下层液体仔细地放出，然后把剩下的上层液体从上口倒到另一个容器里。

在萃取或洗涤时，上下两层液体都应该保留到实验完毕时。否则，如果中间的操作发生错误，便无法补救和检查。

在萃取过程中，将一定量的溶剂分做多次萃取，其效果要比一次萃取为好。

微量样品的液-液萃取可在小试管中进行，用毛细滴管向试管液体中不断鼓气泡，使混合物充分混合。静置分层后，再用毛细滴管将两层液体分开。重复上述操作，可达到萃取的目的。

(二)液-固萃取

从固体混合物中萃取所需要的物质，最简单的方法是把固体混合物先行研细，放在容器里，加入适当溶剂，用力振荡，然后用过滤或倾析的方法把萃取液和残留的固体分开。若被提取的物质特别容易溶解也可以把固体混合物放在放有滤纸的锥形玻璃漏斗中，用溶剂洗涤。这样，所要萃取的物质就可以溶解在溶剂里，而被萃取出来。如果萃取物质的溶解度很小，则用洗涤方法要消耗大量的溶剂和很长的时间。在这种情况下，一般用索氏(Soxhlet)提取器来萃取。索氏提取器由烧瓶、抽提筒、回流冷凝管3部分组成，如图3-14所示。索氏提取器是利用溶剂的回流及虹吸原理，使固体物质

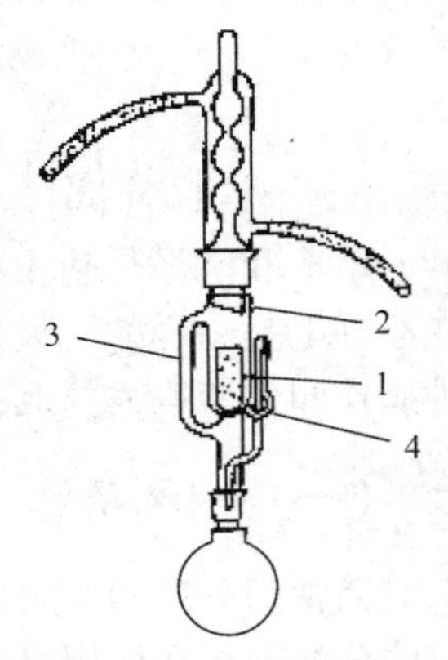

图3-14 索氏提取器

1. 滤纸套；2. 提取器；3. 侧管；4. 虹吸管

每次都被纯的热溶剂所萃取，减少了溶剂用量，缩短了提取时间，因而效率较高。萃取前，应先将固体物质研细，以增加溶剂浸溶的面积，然后将研细的固体物质装入滤纸套中，再置提取器中。烧瓶内盛溶剂，加热时气态溶剂从提取器侧管上升至冷凝管，冷凝为液体，滴入滤纸筒中，并浸泡筒内，当液面超过虹吸管最高处时，即虹吸流回烧瓶，从而萃取出溶于溶剂的部分物质。如此多次重复，把要提取的物质富集于烧瓶内。提取液经浓缩除去溶剂后即得产物，必要时可用其他方法进一步纯化。

索氏提取法

四、色谱分离技术

色谱法是分离、纯化和鉴定有机化合物的重要方法之一，具有极其广泛的用途。色谱法的基本原理是利用混合物各组成部分在某一物质中的吸附或溶解性能（分配）的不同，或其他作用性能的差异，使混合物的溶液流经该物质，进行反复的吸附或分配等作用，从而将各组分分开。流动的混合物溶液称为流动相；固定的物质称为固定相，固定相可以是固体也可以是液体。根据组分在固定相中的作用原理不同，可分为吸附色谱、分配色谱、离子交换色谱、排阻色谱等。根据操作条件的不同，又可分为柱色谱、纸色谱、薄层色谱、气相色谱和高效液相色谱等类型。

本节我们主要介绍有机化学实验中常用的薄层色谱和柱色谱。

（一）薄层色谱

薄层色谱（薄层层析）是应用非常广泛的一种微量、快速、简便的分析分离方法。它兼有柱色谱和纸色谱的优点，常用于分离提纯和化学反应完成程度指示等。薄层色谱不仅适用于小量样品（1～100μg，甚至0.01μg）的分离，也适用于较大量样品的精制（可达500mg），特别适用于挥发性较小，或在较高温度下易发生变化而又不能用气相色谱分离的化合物。常用的薄层色谱有薄层吸附色谱与薄层分配色谱两种。以薄层吸附色谱为例做以下介绍。

薄层吸附色谱是将吸附剂（固定相）均匀地铺在一块玻璃上形成薄层，待干燥活化后，将要分离的样品溶液点在薄层的一端，在封闭容器中用适宜的展开剂（流动相）展开。由于吸附剂对不同物质的吸附能力大小不同，对极性大的物质吸附力强，对极性小的物质吸附力弱。因此，当展开剂带着不同物质流过吸附剂时，不同物质在吸附剂和展开剂之间发生吸附—解吸附—再吸附—再解吸附的连续过程，易被吸附的物质（极性较强的成分）相对移动得慢一些，而较难被吸附的物质（极性较弱的成分）则相对移动得快一些。经过一段时间的展开，不同的物质便被彼此分开，最后形成互相分离的斑点，如图3-15所示。

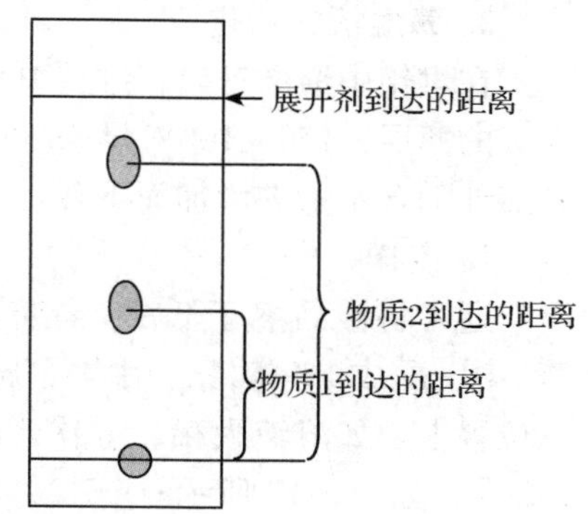

图3-15　薄层色谱展开图

按下式计算化合物的比移值 R_f：

R_f = 溶质的最高浓度点离原点中心的距离/展开剂前沿离原点中心的距离

R_f值随被分离化合物的结构、固定相与流动相的性质、温度以及活化条件等因素而变。温度、固定相、流动相等条件一定时，一种化合物的R_f值就是一个特有常数，可作为定性分析的依据。由于影响R_f值的因素很多，因此常采用标准品对照。

薄层色谱中采用的吸附剂是氧化铝和硅胶等，硅胶是无定形多孔性物质，略具酸性，适用于酸性和中性物质的分离和分析。化学分析用薄层色谱硅胶分为4种，硅胶H：不含黏合剂和其他添加剂的硅胶；硅胶G：含煅石膏($CaSO_4 \cdot H_2O$)作黏合剂的硅胶；硅胶HF_{254}：含荧光物质的硅胶；硅胶GF_{254}：含煅石膏、荧光物质的硅胶，可在波长254nm紫外光下观察荧光。薄层色谱用的氧化铝是Al_2O_3-G，Al_2O_3-HF_{254}及Al_2O_3-GF_{254}。

1. 薄层板的制备

薄层板制备的好坏直接影响色谱的结果。薄层应尽量均匀而且厚度(0.25～1mm)要固定，否则，在展开时溶剂前沿不齐，色谱结果也不易重复。薄层板分为干板和湿板。干板一般用氧化铝作吸附剂，涂层时加蒸馏水。湿板按铺层的方法不同又可分为平铺法、倾注法和浸渍法3种。

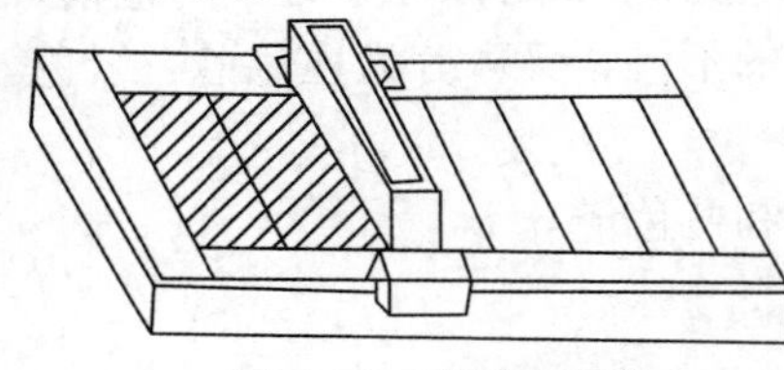

图3-16 薄层涂布器

通常先将吸附剂制成糊状物，一般称取3g硅胶G，加7mL蒸馏水，立即在研钵中调成糊状物，如果用3g氧化铝则加3mL蒸馏水调制糊状物(可铺成两块3cm×10cm载玻片)。然后将调成的糊状物采用如下3种涂布法制成薄层板。

(1)平铺法。用购置或自制的薄层涂布器，如图3-16所示，把洗净的几块玻璃板在涂布器中间摆好，上下两边各夹一块比前者厚0.25mm的玻璃板，在涂布器槽中倒入糊状物，将涂布器自左向右推，即可将糊状物均匀地涂在玻璃板上。

(2)倾注法。将调好的糊状物迅速地倒在玻璃板上，用玻璃棒涂布在整块玻璃板上，用手将玻璃板在桌上轻轻振荡，使吸附剂均匀地涂在玻璃板上，然后放于水平的桌面上晾干。

(3)浸渍法。将两块干净的载玻片对齐贴近在一起，浸入浆料中，使载玻片上涂上一层均匀的吸附剂，取出分开，晾干。

2. 薄层板的活化

在烘箱中渐渐升温，维持105～110℃活化30min，氧化铝板在200℃烘4h可得活性Ⅱ级的薄层，150～160℃烘4h可得活性Ⅲ～Ⅳ级的薄层。薄层板的活性与含水量有关，其活性随含水量的增加而下降。

3. 点样

通常将样品溶于低沸点溶剂(如丙酮、甲醇、乙醇、氯仿、苯、乙醚和四氯化碳等)中，配成1%溶液，用内径小于1mm的毛细管吸取样品溶液，轻轻接触到点线的某一位置上。如溶液太稀，一次点样不够，待溶剂挥发后可重复点样。点样间距为1～1.5cm，如图3-17所示。

4. 展开

根据样品的极性、溶解度和吸附剂的活性等因素选择液相的展开剂，凡溶剂的极性越大，则对某一化合物的洗脱力也越大，R_f值就越大。薄层色谱用的展开剂绝大多数为有机溶剂，薄层板的展开在层析缸中进行。为使展开剂蒸气充满层析缸并很快达到平衡，可在层析缸内衬一张滤纸，用展开剂浸透 5～10min 后，将点好样品的薄层板倾斜放入层析缸中进行展开，一般薄层板浸至 0.5cm 高度，勿使样品浸入展开剂中(图 3-18)。当展开剂上升到距薄层板顶端 1～1.5cm 处，混合物各组分已明显分开时，取出薄层板，立即用铅笔画出展开剂前沿的位置，展开剂挥发后即可显色。

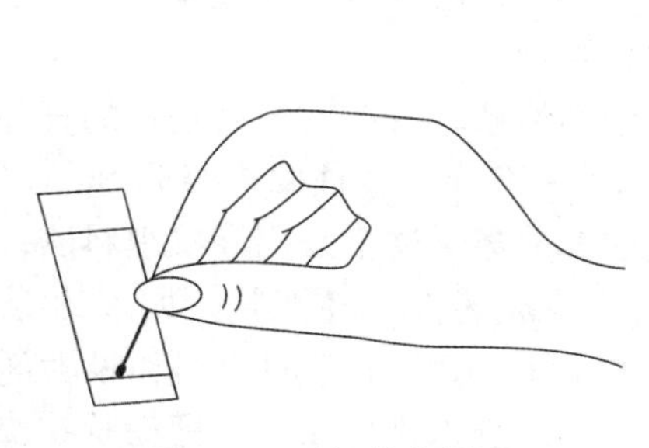

图 3-17　毛细管点样图

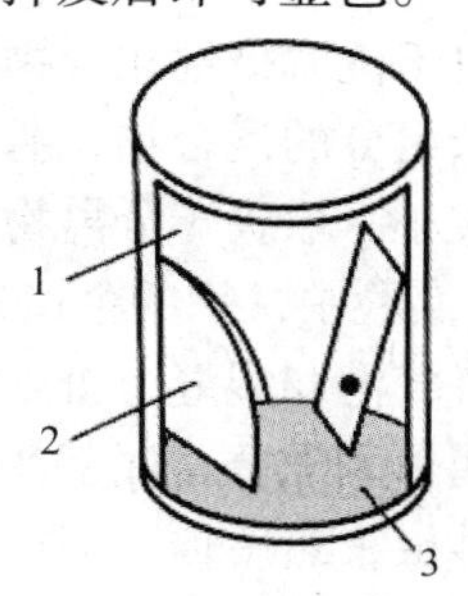

图 3-18　色谱展开

1. 层析缸；2. 滤纸；3. 展开剂

5. 显色

若样品组分本身有颜色，则可直接观察斑点。若样品本身无色，则可在溶剂挥发后用显色剂显色；对于含有荧光的薄层板在紫外光下观察，展开后的有机化合物在亮的荧光背景上呈暗色斑点。

(二)柱色谱

柱色谱(柱层析)是分离、提纯反应混合物和天然产物的重要方法。虽然比较费时，但由于操作方便，分离量可以小至几十毫克，大到几十克，在常量制备中有重要的实用价值。

柱色谱是利用装填在柱中的吸附剂作为固定相，将待分离混合物先从溶液中吸附到其表面，展开剂(流动相)流经吸附剂时，发生无数次吸附和脱附的过程，由于各组分在吸附剂上的附着能力不同，吸附能力强的移动慢，吸附能力弱的移动快，从而达到分离的目的，如图 3-19 所示。

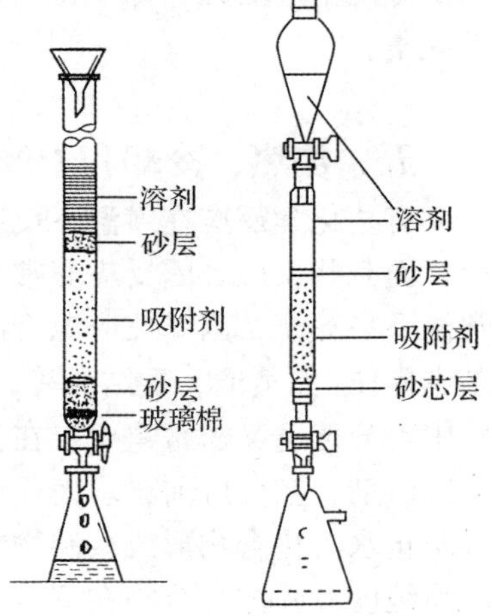

图 3-19　柱色谱

各组分随展开剂按一定顺序从色谱柱下端流出，可用容器分别收集。如各组分为有色物质，则可以直接观察到不同颜色谱带。如果待分离物质无颜色，则需要一定的显色手段。有时一些物质在紫外光照射下能发出荧光，则可用紫外光照射。有时则可分段收集一定体积的洗脱液，再分别鉴定。如果有一个或几个组分移动得很慢，可把吸附剂推出柱外，切开不同的谱带，分别用溶剂萃取。柱色谱用吸附剂与薄层色谱类似，但一般颗粒稍大，为200 ~ 300目，所以，分离效果不及薄层色谱好。但由于柱内吸附剂填充量远大于薄层色谱，且柱的大小可以调节，因此分离的量较大，最高可达数十克。柱色谱常用的洗脱剂以及洗脱能力按次序排列如下：己烷 < 环己烷 < 甲苯 < 二氯甲烷 < 氯仿 < 环己烷-乙酸乙酯(80∶20) < 二氯甲烷-乙醚(80∶20) < 二氯甲烷-乙醚(60∶40) < 环己烷-乙酸乙酯(20∶80) < 乙醚 < 乙醚-甲醇(99∶1) < 乙酸乙酯 < 四氢呋喃 < 正丙醇 < 乙醇 < 甲醇。

极性溶剂对于洗脱极性化合物是有效的，非极性溶剂对于洗脱非极性化合物是有效的，若分离复杂组分的混合物，通常选用混合溶剂。

色谱柱的大小，取决于分离物的量和吸附剂性质，一般的规格是柱的直径为其长度的1/10 ~ 1/4。实验中常用的色谱柱直径在0.5 ~ 10cm，装柱要求吸附剂必须均匀地填在柱内，不能有气泡和裂缝，否则将影响洗脱和分离。通常采用糊状填料法，即把柱竖直固定好，关闭下端旋塞，底部用少量脱脂棉或玻璃棉轻轻塞紧，加入约1cm厚的洗净干燥的石英砂层，然后加入溶剂到柱体积的1/4；用一定量的溶剂和吸附剂在烧杯内调成糊状，打开柱下端的旋塞，让溶剂一滴一滴地滴入锥形瓶中，把糊状物快速倒入柱中，吸附剂通过溶剂慢慢下沉，进行均匀填料。也可以将溶剂倒入柱中，打开柱下端的旋塞，在不断敲打柱身的情况下，填加固体吸附剂。柱填好后，上面再覆盖1cm厚的石英砂层。注意自始至终不要使柱内的液面降到吸附剂高度以下，否则柱内会出现气泡或裂缝。柱顶部1/4处一般不充填吸附剂，以便使吸附剂上面始终保持一液层。

【实验范例】

甲基橙与亚甲基蓝的分离

把1mL待分离混合物的95%乙醇溶液(含1mg甲基橙和3mg亚甲基蓝)倒入色谱柱内，当混合物液面与砂层顶部相近时，加入95%乙醇(展开剂)，这时亚甲基蓝的谱带与被牢固吸附的甲基橙谱带分离。继续加95%乙醇直至亚甲基蓝全部从柱子里洗脱下来。待洗出液呈无色时，将洗脱剂改为水，这时甲基橙开始向柱子下部移动，分别用容器收集。

五、加热、冷却和干燥

有些化学反应在室温下反应很慢甚至不能进行，通常需要在加热条件下才能加快反应；而有些反应，因反应非常激烈，常常释放出大量热使反应难以控制或生成的产物在常温下易分解，因此反应温度需要控制在室温或低于室温情况下进行。除此之外，许多基本操作(如蒸馏、重结晶等)也都要加热、冷却。所以，加热和冷却的方法在化学实验中十分普遍又非常重要。在化学实验中，有许多反应要求在无水条件下进行，如制备格氏试剂，在反应前要求卤代烃、乙醚绝对干燥；液体化合物在蒸馏前也要进行干燥，以防止水与化合物形成共沸物或由于少量水与化合物在加热条件下可能发生反应而影响产品纯度。固体化合物在测定熔点及化合物进行波谱分析前也要进行干燥，否则会影响测试结果的准确性。因此，干燥在化学实验中既非常普遍又十分重要。

(一)加热

化学实验中常用的热源有煤气灯、酒精灯、电炉和电热套等。必须注意，玻璃仪器一般不能用火焰直接加热。因为剧烈的温度变化和加热不均匀会造成玻璃仪器的损坏。同时，由于局部过热，还可能引起化合物的部分分解。为了避免直接加热可能带来的问题，实验室中常常根据具体情况应用不同的间接加热方式。

(1)通过石棉网加热。最简便的间接加热方式，烧杯、烧瓶等可加热容器放在石棉网上进行加热，常用的热源是灯具和电炉。但这种加热仍不均匀，在减压蒸馏、回流低沸点易燃物等实验中不能应用。

(2)水浴加热。加热温度在80℃以下，最好用水浴加热，可将容器浸在水中，水的液面要高于容器内液面，但切勿使容器接触水浴底，调节火焰或其他热源把水温控制在所需要的温度范围内。一般水浴加热装置有以下3种，如图3-20所示。

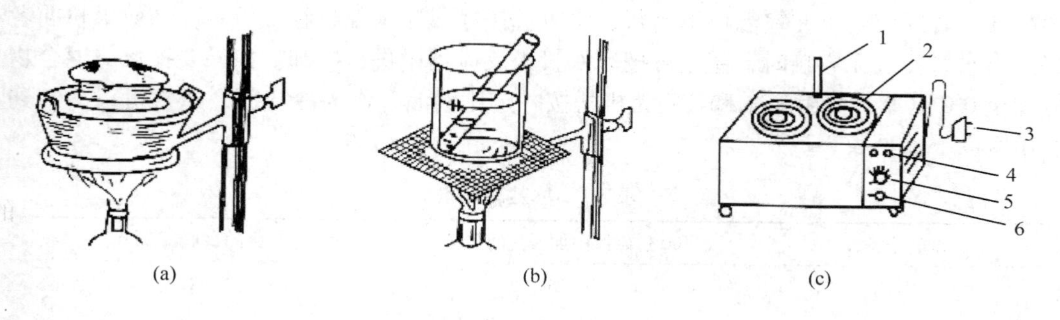

图3-20　水浴加热装置

(a)水浴加热；(b)烧杯代替水浴加热；(c)电热恒温水浴

1. 温度计；2. 浴槽盖；3. 电源插座；4. 指示灯；5. 调温旋钮；6. 电源开关

(3)空气浴加热。电热套是一种较好的空气浴，它是由玻璃纤维包裹着电热丝织成碗状半圆形的加热器，有控温装置可调节温度。由于它不是明火加热，因此可以加热和蒸馏易燃化合物。但是蒸馏过程中，随着容器内物质的减少，会使容器壁过热而引起蒸馏物的炭化，但只要选择适当大一些的电热套，在蒸馏时再不断调节电热套的高低位置，炭化问题是可以避免的。

(4)油浴加热。油浴加热温度范围一般为100～250℃，其优点是温度容易控制，容器内物质受热均匀。油浴所达到的最高温度取决于所用油的品种。实验室中常用的油有植物油、液体石蜡等。植物油可加热到220℃，为防止植物油在高温下分解，通常可加入对苯二酚等抗氧剂，以增加其热稳定性。液体石蜡能加热到220℃，温度再高并不分解，但较易燃烧，这是实验室中最常用的油浴。甘油和邻苯二甲酸二丁酯适用于加热到140～150℃，温度过高则易分解。硅油可以加热到250℃，比较稳定，透明度高，但价格较贵。真空泵油也可以加热到250℃以上，也比较稳定，价格较高。

(5)沙浴加热。要求加热温度较高时，可采用沙浴，沙浴可加热到350℃，一般将干燥的细沙平铺在铁盘中，把容器半埋入沙中(底部的沙层要薄些)。在铁盘下加热，因沙导热效果较差，温度分布不均匀，所以沙浴的温度计水银球要靠近反应器。由于沙浴温度不易控制，故在实验中使用较少。

此外，当物质在高温加热时，也可以使用熔融的盐浴，但由于熔融盐温度在几百摄氏度，所以必须注意使用安全，防止触及皮肤和溢出、溅出。

在化学实验中，根据实际情况还可以采用其他适当的加热方式，如红外灯加热、微波加热等加热方式。

(二)冷却

有些反应，其中间体在室温下是不稳定的，必须在低温下进行，如重氮化反应等。有的放热反应，常产生大量的热，使反应难以控制，并引起易挥发化合物的损失或导致化合物的分解或增加副反应。为了除去过剩的热量，便需要冷却。此外，为了减小固体化合物在溶剂中的溶解度，使其易于析出结晶，也常需要冷却。通常根据不同要求，可选用合适的冷却方法。冷却的方法很多，最简单的方法是把盛有反应物的容器浸入冷水中冷却。若反应要求在室温以下进行，常可选用冰或冰水混合物，后者冷却效果较前者好。当水对反应无影响时，甚至可把冰块投入反应器中进行冷却。如果要把反应混合物冷却至0℃以下，可用碎冰和某些无机盐按一定比例混合作为冷却剂，通常可以冷却到-10℃以下，见表3-1所列。

表3-1　冰盐冷却剂

盐类分子式	100份碎冰中加入盐的质量/g	达到的最低温度/℃
NH_4Cl	25	-15
$NaNO_3$	50	-18
NaCl	33	-21
$CaCl_2 \cdot 6H_2O$	100	-29
$CaCl_2 \cdot 6H_2O$	143	-55

干冰(固体二氧化碳)和丙酮、氯仿等溶剂以适当的比例混合，可冷却到-78℃。为保持冷却效果，通常把干冰和它的溶液盛放在保温瓶(杜瓦瓶)或其他绝热较好的容器中。

(三)干燥

干燥方法大致可分为物理法与化学法两种。物理法有吸附、分馏、利用共沸蒸馏将水分带走法，近年来还常用离子交换树脂和分子筛等来进行脱水干燥。化学法是以干燥剂来进行去水，其去水作用又可分为两类：①能与水可逆地结合生成水合物，如氯化钙、硫酸镁和硫酸钠等；②与水发生不可逆的化学反应而生成一种新的化合物，如金属钠、五氧化二磷和氧化钙等。

1. 液体有机化合物的干燥

(1)形成共沸混合物去水。利用某些有机化合物与水能形成共沸混合物的特点，在待干燥的有机物中加入共沸剂(如苯、甲苯、环己烷等)，使之形成某一恒定共沸物，因共沸混合物的共沸点通常低于待干燥有机物的沸点，所以蒸馏时可将水带出，从而达到干燥的目的。

(2)使用干燥剂干燥。液体有机化合物干燥，一般是把干燥剂直接放入有机物中。干燥剂选择必须要考虑到：与被干燥有机物不能发生化学反应；不能溶解于该有机物中；吸水容量(吸水的质量与干燥剂的质量比)大、干燥速度快、价格低廉。在干燥含水量较多而又不易干燥的(含有亲水性基团)化合物时，常先用吸水量较大的干燥剂除去大部分水分，然后再用干燥效能强的干燥剂干燥。各类有机化合物常用的干燥剂见表3-2所列。

表3-2　各类有机物常用干燥剂

化合物类型	干燥剂
烃	$CaCl_2$、Na、P_2O_5
卤代烃	$CaCl_2$、$MgSO_4$、Na、P_2O_5
醇	K_2CO_3、CaO、$MgSO_4$、Na_2SO_4
醚	$CaCl_2$、Na、P_2O_5
醛	$MgSO_4$、Na_2SO_4
酮	$MgSO_4$、Na_2SO_4、K_2CO_3、$CaCl_2$
酸、酚	$MgSO_4$、Na_2SO_4
酯	$MgSO_4$、Na_2SO_4、K_2CO_3
胺	KOH、NaOH、K_2CO_3、CaO
硝基化合物	$MgSO_4$、Na_2SO_4、$CaCl_2$

干燥剂的用量：干燥剂的用量可根据干燥剂的吸水量和水在有机物中的溶解度来估计。一般用量都要比理论量高。同时也要考虑分子的结构。极性有机物和含亲水性基团的化合物，干燥剂用量需稍多。干燥剂的用量要适当，用量少，干燥不完全；用量多，因干燥剂表面吸附，将造成被干燥有机物的损失。一般用量为10mL液体需加0.5～1g干燥剂。

操作方法：干燥前要尽量把有机物中的水分分离干净，加入干燥剂后，振荡片刻，静置观察，若发现干燥剂黏结在瓶壁上，应补加干燥剂。有些化合物在干燥前呈浑浊，干燥后变成澄清，则可认为水分基本除去。干燥剂的颗粒大小要适当，颗粒太大，表面积小，吸水缓慢；颗粒过细，吸附有机物较多，且难分离。干燥剂放入以后，要放置一段时间(至少0.5h，最好放置过夜)，并不时加以振荡，然后将已干燥的液体通过置有折叠滤纸的漏斗直接滤入蒸馏瓶进行蒸馏，对于某些干燥剂(如金属钠、石灰、五氧化二磷等)，由于它们和水反应后生成比较稳定的产物，有时可不必过滤而直接进行蒸馏。

2. 固体有机化合物的干燥

(1)晾干。固体化合物在空气中自然晾干，这是最简便、最经济的干燥方法。该方法适用于被干燥固体物质在空气中是稳定、不易分解、不吸潮的，干燥时，把待干燥的物质放在干燥洁净的表面皿上或滤纸上，将其薄薄摊开，上面再用滤纸覆盖起来，放在空气中晾干。

(2)烘干。烘干适用于熔点高且遇热不易分解的固体。把待干燥的固体置于表面皿或蒸发皿中放在热源上烘干，也可用红外灯或恒温箱烘干。但必须注意加热温度一定要低于固体物质熔点。

(3)用普通干燥器干燥。如图3-21所示，盖与缸身之间的平面经过磨砂，在磨砂处涂以润滑脂，使之密闭。缸中有多孔瓷板，瓷板下面放置干燥剂，上面放置盛有待干燥样品的表面皿等。

(4)用真空干燥器干燥。如图3-22所示，它的干燥效率较普通干燥器好。通过干燥器上的玻璃活塞接真空泵抽真空，以增加干燥效率。

图3-21 普通干燥器

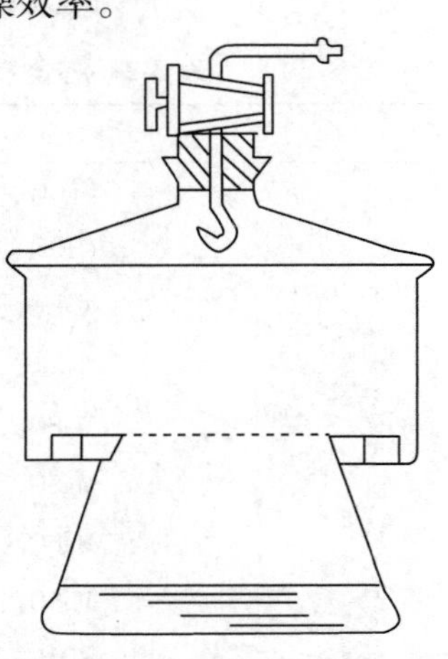

图3-22 真空干燥器

第4章　有机化合物的性质

在确定一个有机化合物结构的过程中，由元素分析可以得到所含的元素和元素的比例，也可以测定它们的物理常数，如熔点、沸点、比旋光度等，同时官能团的分析也是很重要的。有机化合物分子中的官能团是分子中比较活泼而且容易发生化学反应的部位，通过各种官能团所特有的反应现象，我们能够验证各类官能团的性质。有机化合物各种官能团的化学反应很多，但应用到有机分析中的反应，应当具备以下几个特征：①反应迅速；②反应要容易观察到其性质的变化，如颜色、溶解、沉淀、气体逸出等；③灵敏度高；④专一性强。

实验1　烯烃、苯和卤代烃的性质

一、实验目的

1. 掌握烯烃、苯和卤代烃的主要化学反应。
2. 加深理解烯烃、苯和卤代烃的性质与结构的关系。
3. 熟悉烯烃、苯和卤代烃的定性分析方法。
4. 了解芳香性的概念。

二、实验原理

烯烃由于π键电子云受核约束力小，流动性大，易给出电子，容易被亲电试剂进攻，发生亲电加成反应。

当把烯烃或炔烃通入到红棕色的溴的四氯化碳溶液中去或通入黄色的溴水中去时，溴的颜色很快褪去，生成无色的加成产物。这个反应现象明显，操作方便，因此常用这一反应检验化合物中碳碳重键的存在。

$$CH_2{=}CH_2 + Br_2 \xrightarrow{CCl_4} Br{-}CH_2{-}CH_2{-}Br$$

烯烃和高锰酸钾发生氧化反应时，重键部位断裂同时高锰酸钾的颜色褪去，所以可以用这一反应检验碳碳重键的存在。

$$R{-}CH{=}CH_2 \xrightarrow[H_2SO_4]{KMnO_4} \underset{\text{羧酸}}{R{-}\overset{\overset{OH}{|}}{C}{=}O} + O{=}\overset{\overset{OH}{|}}{C}{-}OH \longrightarrow CO_2 + H_2O$$

苯与硝酸和浓硫酸混合后得到的混酸共热可发生硝化反应，苯环很稳定，不易氧化，但苯环侧链上α-氢容易被高锰酸钾、重铬酸钾的酸性溶液氧化。氧化时，不论侧链长短，最终都是把α-碳氧化成羧基，称为侧链氧化。

乙烯基型和芳基型卤代烃分子中存在p-π共轭体系，共轭效应使碳卤键键长缩短，键能增大，键难以断裂，卤原子的活性比相应的卤代烷弱，通常情况下不与NaOH、乙醇钠(C_2H_5ONa)、NaCN等试剂发生取代反应，甚至与$AgNO_3$的醇溶液共热也不生成卤化银沉淀。

烯丙基型和苄基型卤代烃由于共轭效应使S_N1的碳正离子中间体或S_N2的过渡态势能降低而稳定，使反应易于进行，卤原子的反应活性比相应的卤代烷高，室温下即能与硝酸银的醇溶液作用生成卤化银沉淀。

隔离型卤代烯烃和卤代芳烃的化学性质与相应的烯烃或卤代烷相似，加热条件下可与硝酸银的醇溶液作用产生卤化银沉淀。卤代烃的亲核取代反应活性次序可归纳如下：

S_N1历程：烯丙型、苄基型 > 叔卤代烷 > 仲卤代烷 > 伯卤代烷 > 乙烯型、卤苯型

三、实验用品

仪器：烧杯、试管、试管架、试管夹、酒精灯。

试剂：3% Br_2的CCl_4溶液、松节油、0.5% $KMnO_4$溶液、2% $AgNO_3$溶液、苯、甲苯、对-二甲苯、氯苯、氯丙烷、溴乙烷、NaOH、3-氯丙烯、饱和$AgNO_3$的乙醇溶液、浓H_2SO_4、浓HNO_3。

四、实验内容

1. 烯烃的化学性质

(1)加成反应。取一支试管加入2滴3% Br_2的CCl_4溶液，然后逐滴加入3滴松节油(萜烯类化合物)振摇，观察其颜色变化。

(2)氧化反应。取一支试管加入5滴0.5% $KMnO_4$溶液，然后逐滴加入3滴松节油(萜烯类化合物)振摇，观察是否有颜色变化和沉淀产生。

2. 芳香烃的化学性质

(1)硝化反应。取一支干燥试管加入10滴浓H_2SO_4、5滴浓HNO_3，充分混合，待试管冷却后再滴入10滴苯，在55℃的水浴中加热10min，将其倒入盛有5mL H_2O的烧杯中，观察生成物是什么颜色的油状物，产物是什么？

(2)氧化反应。取3支干燥试管，分别加入3滴0.5% $KMnO_4$溶液和10滴10% H_2SO_4溶液，然后分别注入3支试管中苯、甲苯、对-二甲苯各5滴，用力振荡后，将3支试管置于60℃的水浴中加热，观察各试管中颜色是否变化，为什么？

3. 卤代烃的化学性质

(1)沉淀反应。取3支干燥试管，分别加入2滴20%氯苯的乙醇溶液、2滴20%氯丙烷的乙醇溶液、2滴20% 3-氯丙烯的乙醇溶液，再各加入3滴饱和$AgNO_3$的乙醇溶液，充分摇匀，观察是否有沉淀产生。从中归纳不同结构卤代烃的活泼次序。

（2）溴乙烷的水解反应。取一支试管，滴入 10 ~ 15 滴溴乙烷，再加入 1mL 5% NaOH 溶液，充分振荡、静置，待液体分层后，用滴管小心吸入 10 滴上层水溶液，移入另一支盛有 10mL 稀 HNO_3 溶液的试管中，然后加入 2 ~ 3 滴 2% $AgNO_3$ 溶液，观察反应现象。

注意：

①$AgNO_3$ 的乙醇溶液要新配制的，乙醇作为溶剂可促进有机物溶解，有利于反应进行。

②洗干净的试管要用蒸馏水冲洗，防止自来水中氯离子干扰反应。

五、思考题

鉴别卤代烃为什么要用 $AgNO_3$ 的乙醇溶液，而不用 $AgNO_3$ 的水溶液？

实验 2　醇、酚、醛、酮的性质

一、实验目的

1. 掌握醇、酚、醛、酮的主要化学反应。
2. 加深理解有机化合物的性质与结构的关系。
3. 熟悉醇、酚、醛、酮的定性分析方法。
4. 了解醛和酮性质上的异同点。

二、实验原理

本实验主要验证醇、酚、醛、酮的一些特征化学反应，包括醇的酸性、氧化反应、与卢卡斯（Lucas）试剂的反应及消除反应；酚的酸性、显色反应、氧化反应及亲电取代反应；醛、酮与 2,4-二硝基苯肼、亚硫酸氢钠的加成反应、碘仿反应，与斐林（Fehling）试剂、托伦（Tollen）试剂及品红醛试剂的反应等。

伯醇或仲醇分子中，与羟基直接相连的碳原子上含有氢原子，由于受羟基的影响变得比较活泼，容易被氧化。

$$\mathrm{R{-}CH_2{-}OH} \xrightarrow{K_2Cr_2O_7 + H_2SO_4} \left[\mathrm{R{-}CH(OH){-}OH}\right] \xrightarrow{-H_2O} \underset{\text{醛}}{\mathrm{R{-}CH{=}O}} \xrightarrow{[O]} \underset{\text{羧酸}}{\mathrm{R{-}COOH}}$$

$$\mathrm{R{-}CHR{-}OH} \xrightarrow{K_2Cr_2O_7 + H_2SO_4} \left[\mathrm{R{-}CR(OH){-}OH}\right] \xrightarrow{-H_2O} \mathrm{R{-}C({=}O){-}R}$$

一般情况下，HI 和 HBr 能顺利地与醇反应。而 HCl 与伯醇、仲醇的反应则需要使用卢卡斯试剂。低级(6个碳以下)的醇可以溶解于卢卡斯试剂中，而生成的卤代烃则不溶解。溶液浑浊或分层，即表示有卤代烃生成，可以从出现浑浊的快慢来区别伯、仲、叔醇。

$$(CH_3)_3C{-}OH + HCl \xrightarrow[25℃]{无水\ ZnCl_2} (CH_3)_3C{-}Cl + H_2O \quad 立即浑浊$$

叔醇

$$CH_3{-}CH_2{-}CH(OH){-}CH_3 + HCl \xrightarrow[25℃]{无水\ ZnCl_2} CH_3{-}CH_2{-}CH(Cl){-}CH_3 + H_2O \quad 5min\ 浑浊$$

仲醇

$$CH_3{-}CH_2{-}CH_2{-}OH + HCl \xrightarrow[25℃]{无水\ ZnCl_2} \quad 保持清亮$$

伯醇

醇和酚都含有羟基，在某些方面，二者性质相似，但由于醇中的羟基与脂肪(环)烃基相连，而酚是与芳香环相连，因此酚具有不同于醇的性质。

醛和酮均含有羰基，因此它们的化学性质在一定程度上有共同点，如都能与2,4-二硝基苯肼等羰基试剂作用，醛、酮与2,4-二硝基苯肼反应生成2,4-二硝基苯腙。

$$CH_3{-}C(CH_3){=}O + H_2N{-}NH{-}C_6H_3(NO_2)_2 \longrightarrow CH_3{-}C(CH_3){=}N{-}NH{-}C_6H_3(NO_2)_2$$

丙酮-2,4-二硝基苯腙(橙黄色结晶)

$$C_6H_5{-}CH{=}O + H_2N{-}NH{-}C_6H_3(NO_2)_2 \longrightarrow C_6H_5{-}CH{=}N{-}NH{-}C_6H_3(NO_2)_2$$

苯甲醛-2,4-二硝基苯腙

但由于醛基至少与一个氢原子相连，所以它的化学性质又有不同，如醛能与斐林试剂、银氨溶液等弱氧化剂氧化，而酮则不具备此类性质。

将醛和托伦试剂共热，醛可被银离子氧化成羧酸，银离子被还原为金属银，附着在洁净的试管壁上，形成明亮的银镜，故又称银镜反应。

$$RCHO + 2[Ag(NH_3)_2]^+ + 2OH^- \xrightarrow{\triangle} RCOONH_4 + 2Ag\downarrow + 3NH_3\uparrow + H_2O$$

托伦试剂既能氧化脂肪醛，又能氧化芳香醛。脂肪醛与斐林试剂反应时被氧化为羧酸，而铜离子被还原为氧化亚铜砖红色沉淀。

$$RCHO + 2Cu^{2+} + 5OH^- \xrightarrow{\triangle} RCOO^- + Cu_2O\downarrow + 3H_2O$$

如果醛、酮分子中与羰基直接相连的是甲基，则甲基上3个氢都可被卤素取代，生成三卤代醛、酮。

$$CH_3CHO \xrightarrow[NaOH]{Cl_2} ClCH_2CHO \xrightarrow[NaOH]{Cl_2} Cl_2CHCHO \xrightarrow[NaOH]{Cl_2} Cl_3CCHO$$

在三卤代醛、酮分子中，由于3个卤原子的强吸电子诱导效应，使羰基碳的正电性大大增强，在碱性条件下，容易受亲核试剂 OH^- 进攻而发生碳—碳键断裂，生成三卤甲烷(卤仿)和相应的羧酸盐。由于最终产物中有卤仿，故此反应称为卤仿反应。

$$R-\overset{\overset{\displaystyle O}{\|}}{C}-CH_3 + NaOH + X_2 \longrightarrow R-\overset{\overset{\displaystyle O}{\|}}{C}-CX_3 \xrightarrow{OH^-} CHX_3 + RCOONa$$

若以碘和氢氧化钠为试剂，则生成碘仿(CHI_3)。碘仿是黄色晶体，不溶于水。这个反应灵敏可靠，特称碘仿反应，故常用来鉴别羰基上连有甲基的乙醛及甲基酮。

次卤酸钠或卤素的氢氧化钠溶液都是氧化剂，它们可以将乙醇及含有甲基的仲醇氧化成乙醛及甲基酮，再进一步发生卤仿反应，因此碘仿反应也可以用来鉴别乙醇和具有 $CH_3-\overset{\overset{\displaystyle OH}{|}}{CH}-R$ 结构的仲醇。

三、实验用品

仪器：烧杯、试管、点滴板、试管架、试管夹、酒精灯。

试剂：NaOH、浓 HCl、$FeCl_3$、苯酚、乙醇、浓 H_2SO_4、HNO_3、甘油、饱和溴水、正丁醇、仲丁醇、叔丁醇、$AgNO_3$、$K_2Cr_2O_7$、C_6H_5CHO、HCHO、$CuSO_4 \cdot 5H_2O$、CH_3CHO、CH_3COCH_3、$(CH_3)_2CHOH$、I_2、浓氨水、2,4-二硝基苯肼、酚酞、邻苯二酚、β-萘酚、斐林试剂(Ⅰ、Ⅱ)、卢卡斯试剂。

四、实验内容

1. 醇和酚的性质

(1)伯、仲、叔醇的氧化反应。取3支试管，分别滴入5滴正丁醇、仲丁醇和叔丁醇，然后各加入4滴新配制的 $K_2Cr_2O_7$ 浓 H_2SO_4 溶液(将5mL浓 H_2SO_4 缓慢加到50mL蒸馏水中，再加入 $K_2Cr_2O_7$ 固体5g，溶解混合均匀即可)，摇匀，置于水浴上微热，观察颜色变化，说明哪些醇可以被氧化。

(2)与卢卡斯试剂的反应。取3支干燥试管，分别加入1mL正丁醇、仲丁醇和叔丁醇，然后各加入3mL卢卡斯试剂(将无水 $ZnCl_2$ 在蒸发皿中强热熔融后，置于干燥器中冷至室温，取出捣碎后，称取136g溶解在90mL浓HCl中即可，溶解后有大量HCl气体放出并放热，冷却后贮藏于玻璃瓶中，塞严防潮)，用软木塞塞住瓶口，充分振荡后，置于55℃的水浴中静置。观察各试管的现象，注意最初5min及1h后混合物的变化，记录下溶液浑浊和出现分层的时间。比较不同种类醇与卢卡斯试剂的反应速度的快慢。

(3)多元醇与 $Cu(OH)_2$ 的作用。取2支试管分别加入5滴5% $CuSO_4$ 及10% NaOH溶液，摇匀后，在一支试管中加入1mL 95%乙醇，在另一支试管中加1mL甘油，摇匀，观察现象并比较结果。

(4)酸性试验。取2支试管，各加入10滴蒸馏水、1滴酚酞和1滴5% NaOH溶液，摇匀，溶液呈现桃红色。然后在一支试管中逐滴加入15滴95%乙醇，而在另一支试管中逐滴加入15滴5%苯酚，摇匀，观察溶液颜色有何变化，为什么?

(5)酚与$FeCl_3$的呈色反应。取3支试管，分别滴入2滴5%苯酚溶液、5%邻苯二酚溶液、5% β-萘酚溶液，然后分别加入2滴5% $FeCl_3$溶液，观察颜色变化。

(6)苯酚的溴代反应。取一支试管加入2滴5%苯酚溶液，然后逐滴加入饱和溴水，并不断地振荡试管，直到刚好生成白色沉淀为止，写出有关反应式。

2. 醛和酮的性质

(1)与2,4-二硝基苯肼的反应。取4支试管，各滴加5滴2,4-二硝基苯肼，然后分别加入1~2滴HCHO、CH_3CHO、CH_3COCH_3、C_6H_5CHO溶液，微微振荡，观察是否有沉淀产生。

(2)与托伦试剂的反应。在一支洁净的试管中加入3mL 5% $AgNO_3$溶液及10滴10% NaOH溶液，然后滴加入浓氨水，直至生成物的沉淀恰好溶解为止。将此溶液分置于3支试管中，分别滴入10滴CH_3CHO、10滴CH_3COCH_3、1滴C_6H_5CHO溶液，摇匀后，置于水浴上加热，观察现象。

(3)与斐林试剂的反应。取4支试管，各滴加5滴斐林试剂Ⅰ和Ⅱ，摇匀，可得深蓝色的透明溶液，然后分别加入10滴HCHO、CH_3CHO、CH_3COCH_3、C_6H_5CHO溶液，摇匀，置于沸水浴上加热3min，观察溶液颜色有何变化，有无沉淀产生?

(4)碘仿反应。取4支试管，分别加入10滴95%乙醇、CH_3COCH_3、$(CH_3)_2CHOH$、CH_3CHO溶液，再各加入6滴碘水溶液(将25g KI溶于100mL蒸馏水，再加入12.5g碘，搅拌溶解即可)，然后边摇边逐滴加入5% NaOH溶液至棕色刚好褪去，观察是否有黄色沉淀生成?若无沉淀生成，置于水浴上微热，再观察有无沉淀生成?通过实验结果，归纳出能发生碘仿反应的化合物的结构特点。

(5)羟醛缩合反应。取一支试管，加入8滴10% NaOH溶液，加入10滴CH_3CHO溶液，摇匀，置于酒精灯上，加热至沸腾，观察反应现象。含有α-H的醛(如乙醛等)，在稀碱条件下，能起羟醛缩合反应，缩合产物受热后可脱水生成稀醛，后者可进一步发生聚合反应生成有色的树脂状聚合物。

五、思考题

鉴别醛和酮有哪些简便方法?

实验3 羧酸及其衍生物和胺的性质

一、实验目的

1. 掌握羧酸及其衍生物和胺的主要化学反应。
2. 加深理解羧酸及其衍生物和胺的性质与结构的关系。

3. 熟悉羧酸及其衍生物和胺的定性分析方法。

二、实验原理

羧酸具有酸性，能与碱作用生成可溶性的盐，羧酸衍生物都含有羰基，所以能与某些亲核试剂发生加成-消去反应，乙酰乙酸乙酯存在烯醇式-酮式互变结构。

乙酰乙酸乙酯的互变异构：

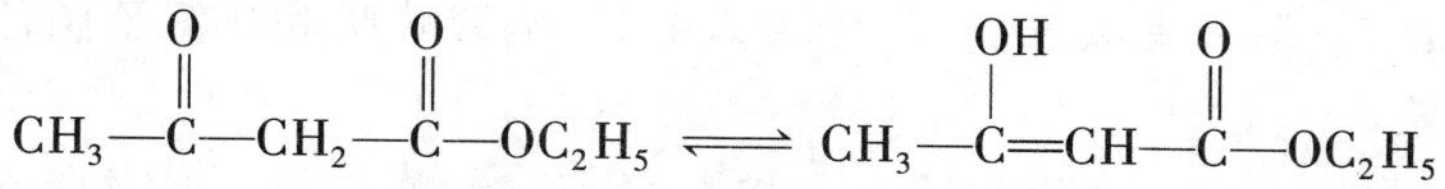

$$\underset{\text{酮式}(92.5\%)}{CH_3-\overset{O}{\overset{\|}{C}}-CH_2-\overset{O}{\overset{\|}{C}}-OC_2H_5} \rightleftharpoons \underset{\text{烯醇式}(7.5\%)}{CH_3-\overset{OH}{\overset{|}{C}}=CH-\overset{O}{\overset{\|}{C}}-OC_2H_5}$$

在乙酰乙酸乙酯的酮式结构中，α-亚甲基上的氢原子由于受羰基和酯基两个吸电子基的影响，变得更加活泼，因此有可能自发地脱离碳原子并以质子的形式加到羰基氧原子上而转化为烯醇式结构。而烯醇式的氧原子，由于 p-π 共轭作用，使羟基上氢原子更加活泼，也可使碳原子上带部分负电荷，因此，氢原子又有可能脱离氧原子以质子的形式加到碳原子上去，这样烯醇式就转化为酮式。如下所示：

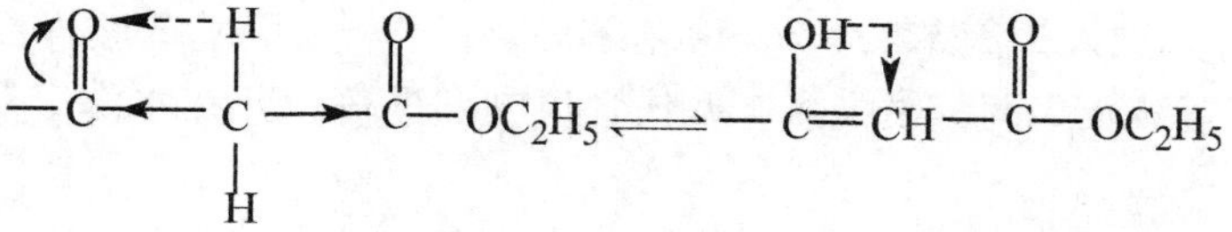

$$-\overset{O}{\overset{\|}{C}}\leftarrow\underset{H}{\overset{H}{\overset{|}{\underset{|}{C}}}}\rightarrow\overset{O}{\overset{\|}{C}}-OC_2H_5 \rightleftharpoons -\overset{OH}{\overset{|}{C}}=CH-\overset{O}{\overset{\|}{C}}-OC_2H_5$$

两种异构体能够互相转化并建立起动态平衡的现象称为互变异构现象，这些异构体之间互称互变异构体。

伯胺或仲胺氮原子上的氢可被磺酰基取代，生成相应的磺酰胺，这一反应称为胺的磺酰化反应，磺酰化反应又称为兴斯堡(Hinshberg)反应。叔胺氮原子上没有氢，不发生反应。

仲胺生成的 *N*, *N*-二烃基苯磺酰胺，氮原子上已没有氢原子，不具有酸性，不能与碱作用成盐，也就不能溶于碱溶液中，利用这一性质可分离液态的伯、仲、叔胺。例如，可在碱溶液中将 3 种胺的混合物与苯磺酰氯反应，由于叔胺不发生磺酰化反应，呈油状物与碱溶液分层，蒸馏即可分离得到；将剩下的溶液过滤，所得固体为仲胺的磺酰胺，加酸水解即得仲胺；滤液酸化后加热水解，得到伯胺。

三、实验用品

仪器：烧杯、试管、试管架、试管夹、酒精灯。

试剂：$KMnO_4$、$FeCl_3$、乙酸、甲酸、草酸、2, 4-二硝基苯肼、饱和溴水、乙酰乙酸乙酯、刚果红试纸、苯胺、*N*-甲基苯胺、*N*, *N*-二甲基苯胺、NaOH、苯磺酰氯、HCl。

四、实验内容

1. 酸性试验

取 3 支试管，分别加入 2 滴 10% 甲酸、10% 乙酸和 10% 草酸溶液，各加入 1mL 蒸馏水，摇匀。然后分别用干净的玻璃棒蘸取溶液在刚果红试纸上划线，根据各条划线的颜色及深浅程度，比较它们的酸性强弱。

2. 甲酸和草酸的还原性

取3支试管，各加入2滴0.5% $KMnO_4$溶液，5滴蒸馏水，然后分别加入10滴10%甲酸、10%乙酸和10%草酸溶液，摇匀，置于水浴上加热，观察现象并做解释。

3. 乙酰乙酸乙酯的酮式和烯醇式互变作用

(1)酮型反应。取一支试管加入10滴2,4-二硝基苯肼和2滴乙酰乙酸乙酯溶液，观察有什么现象。

(2)烯醇式反应。取一支试管加入3滴乙酰乙酸乙酯溶液，慢慢加入1~2滴饱和溴水溶液，观察有何现象。为什么?

(3)酮型与烯醇式互变。取一支试管加入10滴蒸馏水、3滴乙酰乙酸乙酯溶液，振荡，加入1滴5% $FeCl_3$溶液，摇匀，观察溶液颜色的变化(呈紫红色)。然后再滴加饱和溴水溶液(用量不可太多)，摇匀，可观察到紫红色褪去，放置一会儿，再观察颜色是否重现，解释造成实验现象的原因。

4. 胺的兴斯堡实验

在试管中分别加入2滴苯胺、*N*-甲基苯胺、*N*,*N*-二甲基苯胺样品，再分别加入3mL 5% NaOH溶液及3滴苯磺酰氯，塞住管口剧烈振荡，并在水浴上温热，观察3种胺的反应现象。

溶液中无沉淀析出，但加入HCl酸化后析出沉淀，为伯胺(加酸时需要冷却并振荡，否则开始析出油状物，冷却后凝结成一块固体)。

溶液中析出油状物或沉淀，而且沉淀不溶于酸，为仲胺。

溶液中仍有油状物，加数滴HCl酸化后即溶解，为叔胺。

五、思考题

1. 哪些类型的化合物能与三氯化铁起显色反应?
2. 甲酸除了可以被高锰酸钾氧化外，能否被托伦试剂所氧化?

实验4　糖类和蛋白质的性质

一、实验目的

1. 加深理解糖类性质与结构的关系，了解双糖和多糖的水解过程和产物。
2. 了解并初步掌握氨基酸的两性以及蛋白质的常用鉴定方法。

二、实验原理

1. 糖类

单糖是多羟基醛和多羟基酮，多羟基醛称为醛糖，多羟基酮称为酮糖。双糖是两分子相同或不同的单糖缩合脱水而生成的苷，双糖有还原性双糖和非还原性双糖两种。

在糖的水溶液中加入 α-萘酚的乙醇溶液，然后小心沿试管壁注入浓 H_2SO_4(严防振动)，在两层液面之间形成一个紫色环。单糖、低聚糖及多糖都能起这个反应，是鉴别糖类的常用方法，此反应又称莫力许(Molisch)反应。

苯肼和醛、酮作用生成苯腙，单糖与苯肼作用和醛、酮不同。单糖与苯肼作用生成二苯腙，又称脎。其反应过程是：首先，糖分子中的羰基(醛基或酮基)与一分子苯肼作用生成苯腙，而后 α-羟基被第二分子苯肼氧化变成羰基，新生成的羰基再与第三分子苯肼反应生成糖脎。

$$\begin{array}{c} CH_2OH \\ | \\ C{=}O \\ | \\ (CHOH)_n \\ | \\ CH_2OH \\ \text{酮糖} \end{array} \xrightarrow[-H_2O]{3H_2N{-}NH_2{-}C_6H_5} \begin{array}{l} CH{=}N{-}NH_2{-}C_6H_5 \\ | \\ C{=}N{-}NH_2{-}C_6H_5 \\ | \\ (CHOH)_n + NH_3 + C_6H_5NH_2 \\ | \\ CH_2OH \\ \text{糖脎} \end{array}$$

糖脎为黄色结晶，不同的糖脎晶形不同，熔点也各不相同，成脎速度也不同，都不溶于水。所以，成脎反应可用于糖的定性鉴定，对测定糖的构型也很有价值。

双糖有还原性双糖(如麦芽糖、乳糖、纤维二糖等)和非还原性双糖(如蔗糖)两种。还原性双糖可以看作是由一分子单糖的苷羟基与另一分子单糖的醇羟基失水而成的糖苷，这样形成的双糖分子中，有一个单糖单位形成苷，而另一单糖单位中仍保留有苷羟基，可以开环成链式，并能以 α、β 两种异构体和开链式达成动态平衡，所以有变旋现象、能成脎、具有还原性，属还原性双糖。非还原性双糖的结构是两个单糖都以苷羟基相互间缩合脱水而形成的双糖。这样形成的双糖，其分子中不存在游离的苷羟基，所以没有变旋现象，没有还原性，也不能成脎。

氨基酸既能与强酸成盐，也能与强碱成盐，分子内的羧基和氨基也可相互作用形成内盐。氨基酸有酸、碱两重性，为两性化合物。

$$\begin{array}{c} R{-}CH{-}COOH \\ | \\ NH_2 \\ \rightleftharpoons \end{array}$$

$$\begin{array}{c} R{-}CH{-}COOH \\ | \\ NH_3^+ \end{array} \underset{H^+}{\overset{OH^-}{\rightleftharpoons}} \begin{array}{c} R{-}CH{-}COO^- \\ | \\ NH_3^+ \end{array} \underset{H^+}{\overset{OH^-}{\rightleftharpoons}} \begin{array}{c} R{-}CH{-}COO^- \\ | \\ NH_2 \end{array}$$

2. 蛋白质

蛋白质是 α-氨基酸通过肽键相互结合而形成的有空间构型的高分子化合物。蛋白质和多肽中都含有很多个邻近的肽键，所以能起缩二脲反应；含有 α-氨基的酰基化合物都能与水合茚三酮作用生成蓝紫色物质；组成蛋白质中含酚结构的氨基酸只有酪氨酸，所以该反应可以检测组成蛋白质或多肽中的氨基酸是否有酪氨酸存在；组成蛋白质或多肽中的氨基酸中有苯丙氨酸或酪氨酸，蛋白质就会发生黄蛋白反应；乙醛酸反应或霍普金(Hopkins)反应可用于检测组成蛋白质或多肽的氨基酸中是否含有色氨酸。

在蛋白质水溶液中，加入定量的盐类，可使很多蛋白质从溶液中沉淀出来，这种用盐使蛋白质沉淀析出的过程称为盐析。盐析常用的盐有硫酸铵、氯化钠、氯化铵、硫酸钠等。若采用不同浓度的盐溶液处理蛋白质的混合溶液时，可使蛋白质分段析出，这一分离方法称为分段盐析，利用分段盐析法可以分离和纯化蛋白质。盐析所得沉淀在适宜的条件下可重新溶解，并且仍保留原有的构象和性质，所以盐析法生成的沉淀是可逆的。

蛋白质受物理或化学因素的影响，蛋白质分子的结构发生了变化，使其理化性质及生物活性发生改变，这种现象称为蛋白质的变性。引起蛋白质变性的理化因素主要有加热、高压、剧烈振荡、紫外线及X线照射、超声波等物理因素以及强酸、强碱、重金属盐、生物碱试剂、有机溶剂(如乙醇、丙酮)、尿素浓溶液等化学因素。其特点为不可逆，而且导致蛋白质的空间结构破坏，生物活性丧失。

三、实验用品

仪器：试管、石棉网、烧杯、酒精灯、试管架、铁架台、显微镜。

试剂：NaOH(40%、10%)、1%乙酸、$AgNO_3$(2%、5%)、浓HCl、浓 H_2SO_4、浓 HNO_3、饱和 $HgCl_2$ 溶液、2%淀粉、冰醋酸、甲基橙指示剂、酚酞指示剂、浓氨水、$(NH_4)_2SO_4$ 固体、$CuSO_4$(1%、5%)、苯肼试剂、米隆试剂、斐林试剂(Ⅰ、Ⅱ)、蛋白质溶液、10%鞣酸、2%甘氨酸、α-萘酚的乙醇溶液、饱和苦味酸溶液、1%茚三酮、4%葡萄糖、4%果糖、4%蔗糖、4%麦芽糖、pH试纸。

四、实验内容

1. 莫力许反应

取5支洁净试管，分别加入0.5mL 4%葡萄糖、4%果糖、4%麦芽糖、4%蔗糖和2%淀粉溶液，各滴入3滴 α-萘酚的乙醇溶液，充分摇匀，倾斜试管，然后小心沿试管壁注入1mL浓 H_2SO_4(严防振动)，浓 H_2SO_4 在下层，样品在上层，观察在两层液面之间有什么现象。

2. 银镜反应

取5支洁净试管，分别加入1mL 5% $AgNO_3$ 和2滴40% NaOH溶液，逐滴加入浓氨水至生成的沉淀正好溶解，再分别加入0.5mL 4%葡萄糖、4%果糖、4%麦芽糖、4%蔗糖和2%淀粉溶液，在50℃水浴中加热，观察有无银镜生产。

3. 斐林试验(Fehling 试验)

取5支洁净的试管，分别加入0.5mL 斐林试剂Ⅰ和Ⅱ，混合均匀，再分别加入

0.5mL 4%葡萄糖、4%果糖、4%麦芽糖和2%淀粉溶液，摇匀后，将试管放入水浴中加热，观察有无砖红色的沉淀生成。

4. 成脎反应

在4支试管中分别加入1mL 4%葡萄糖、4%果糖和4%麦芽糖溶液，再各加入0.5mL苯肼试剂，摇匀后，放入沸水浴中加热，比较不同糖形成糖脎晶体的速度，并在显微镜下观察糖脎的晶体的形状。

5. 淀粉水解反应

在一支试管中加入3mL 2%淀粉溶液，再加入1滴浓HCl，在沸水浴中加热5min，冷却后用10% NaOH溶液中和，加入斐林试剂Ⅰ和Ⅱ各2滴，水浴加热后观察实验现象。

6. 氨基酸的两性性质

在2支试管中各加入3mL蒸馏水，一支试管中加入2滴10% NaOH溶液、1滴酚酞指示剂，另一支试管中加入2滴1%乙酸溶液、1滴甲基橙指示剂，然后分别加入1mL 2%甘氨酸溶液，观察体系颜色的变化并解释原因。

7. 蛋白质的可逆沉淀——盐析作用

在一支试管加入3mL蛋白质溶液，再加入$(NH_4)_2SO_4$晶体使之成为$(NH_4)_2SO_4$的饱和溶液，观察现象。再加入1mL蒸馏水，振荡，又有何现象。

8. 蛋白质的不可逆沉淀

(1)与重金属盐的作用。在3支试管中各加入2mL蛋白质溶液，再分别滴加2~4滴饱和$HgCl_2$溶液、5% $CuSO_4$溶液及2% $AgNO_3$溶液，摇匀，观察沉淀的生成。再各加入1mL蒸馏水，观察沉淀是否溶解。

(2)与生物碱试剂的作用。取2支试管，加入1mL蛋白质溶液和2滴1%乙酸溶液，再分别滴加5~10滴饱和苦味酸和10%鞣酸，观察沉淀的生成。再分别加入蒸馏水，观察沉淀是否溶解。

(3)受热实验。在一支试管加入2mL蛋白质溶液，放入沸水浴中加热5~10min，观察现象。再加入2~3mL蒸馏水，观察絮状沉淀是否溶解。

9. 蛋白质的颜色反应

(1)茚三酮反应。在2支试管中分别加入1mL蛋白质溶液和1mL 2%甘氨酸溶液，然后分别加入10滴1%茚三酮溶液，将试管放入沸水浴中加热，观察现象。

(2)二缩脲的反应。向盛有3mL蛋白质溶液的试管中加入2滴40% NaOH溶液，摇匀后，滴加2~3滴1% $CuSO_4$溶液，观察颜色变化。

(3)米隆反应。在盛有1mL蛋白质溶液的试管中，加入10滴米隆试剂，于沸水浴中加热，观察现象。

(4)黄蛋白反应。在一支试管中加入3mL蛋白质溶液和1mL浓HNO_3，摇匀，观察沉淀的颜色。在水浴加热后，颜色有何变化。冷却后，滴加40% NaOH溶液，又出现什么变化。

(5)乙醛酸反应。在3mL蛋白质溶液的试管中，加入1mL冰醋酸(其中含少量的乙醛酸)，振荡均匀，倾斜试管，沿管壁缓慢加入2mL浓H_2SO_4，放置几分钟，观察两层交界处有什么现象。

五、思考题

1. 在糖的成脎实验中，蔗糖和苯肼试剂长时间加热，也能得到黄色晶体，怎样解释这一实验现象?

2. 如何鉴别还原糖与非还原糖?

3. 用什么反应可以区分 α-氨基酸和蛋白质?

实验5 熔点的测定

一、实验目的

1. 理解熔点测定的原理和意义。

2. 掌握测定熔点的方法和技术。

二、实验原理

熔点是在一定外压下晶体物质与其液态呈平衡时的温度，这时固相和液相的蒸气压相等。当加热纯固体化合物时，在一段时间内温度上升，固体不熔。当固体开始熔化时，温度不会上升，直至所有固体都转变为液体后温度才上升。反过来，当冷却一种纯液体化合物时，在一段时间内温度下降，液体未固化。当开始有固体出现时，温度不会下降，直至液体全部固化后温度才会再下降。

在一定温度和压力下，将某种纯物质的固液两相放于同一容器中，这时可能发生3种情况：固体熔化，液体固化，固液两相并存。我们可以从该物质的蒸气压与温度关系图来理解在某一温度下，哪种情况占优势。

图4-1(a)是固体的蒸气压随温度升高而增大的情况，图4-1(b)是液体蒸气压随温度变化的曲线，若将图4-1(a)和图4-1(b)两曲线加合，可得图4-1(c)。可以看到，固相蒸气压随温度的变化比相应的液相大，最后两曲线相交于 M 点。在这特定的温度和压力下，固液两相并存，这时的温度 T_m 即为该物质的熔点。不同的化合物有不同的 T_m 值。当温度高于 T_m 时，固相全部转变为液相；低于 T_m 时，液相全部转变为固相。只有固液两相并存时，固相和液相的蒸气压才是一致的，这是纯物质有固定而又敏锐熔点的原因。

在一定压力下，一般纯固体都有一个固定的熔点，而且其熔点与凝固点是一致的。固体从初熔到全熔的温度范围称为熔程。纯的固体有机化合物的熔程一般在0.5~1.0℃。熔点是有机化合物的重要物理常数，也是化合物纯度的判断标准之一。

固体混合物的熔程长，而且大多数情况下，混合物的熔点值下降[1]。当测量两化

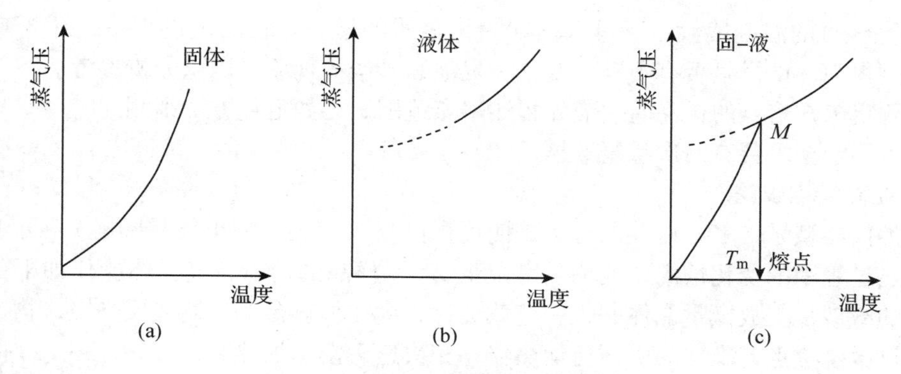

图 4-1　物质的温度与蒸气压的关系

合物是不是同一种化合物时，可以将两种固体混合测定混合物的熔点，测定时，至少要按 1∶9、1∶1、9∶1 三组比例混合。若它们是相同的化合物，则 3 种不同比例的混合物其熔点是一致的，而且熔程正常。若是不同的化合物，则熔程长，不同比例混合物的熔点应不相同。

（一）测定熔点的方法

1. 毛细管法

（1）试样填装。将 0.1 ~ 0.2g 干燥的粉末状试样在表面皿上堆成小堆，将熔点管的开口端插入试样中，每次装取少量粉末后，垂直立起熔点管，把熔点管密封端在桌面上顿几下，使样品掉入管底。重复取样，装入试样在 2 ~ 3mm 厚度时，为使熔点管内的试样紧密堆积，可取一根长 40 ~ 50cm 的玻璃管垂直立于桌面上，将熔点管从玻璃管上端落下多次，一般当试样研成很细的粉末时，熔点管中的试样可以填充均匀而且紧密。这样填充好的熔点管，每种试样应准备 2 ~ 3 支。

毛细管法测定熔点

（2）仪器装置安装。将提勒（Thiele）管（也称 b 形管）固定于铁架台上，倒入甘油作为载热体，载热体的用量以略高于 b 形管的侧管上口为宜。载热体又称浴液，可根据所测物质的熔点不同选择不同的液体，一般用甘油、硫酸、硅油等。

将装有样品的熔点管用橡皮圈固定于温度计的下端，使熔点管的装样品部分位于水银球的中部，然后将此带有熔点管的温度计通过有缺口的软木塞小心地插入 b 形管内，调至水银球在侧管上下两叉口中间处，如图 4-2 所示。

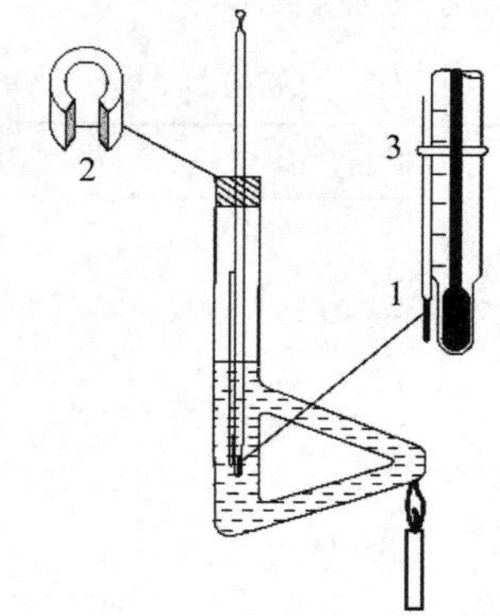

图 4-2　熔点测定装置

1. 样品；2. 带缺口的软木塞；3. 橡皮圈

（3）熔点测定。在测定已大致预知熔点的样品时，可先以较快的速度加热，在距离熔点 15 ~ 20℃时，应以每分钟 1 ~ 2℃的速度，再变为更小的速度（每分钟小于 1℃）加热，直到测出熔程。测定时，应观察和记录样品开始塌落并有液相产生时（初熔）和固体完全消失时(全熔)的温度读数，所得数据即为该物质的熔程。在测定过程中，还要观察记录加热过程中，试样是否有萎缩、变色、发泡、升华等现象，以供分析参考。

在测定未知熔点的样品时，应先粗测熔点范围，再如上述方法细测。

熔点测定至少要有两次重复数据。

2. 显微熔点仪法

这类仪器型号较多，但共同特点是使用样品量少(2～3 颗小结晶颗粒)，可观察晶体在加热过程中的变化情况，能测量室温至300℃样品的熔点，其具体操作如下：在干净干燥的载玻片上放微量晶体并盖一片载玻片，放在加热台上。调节反光镜、物镜和目镜，使显微镜焦点对准样品，开启加热器，先快速后慢速加热，温度快升至熔点时，控制温度上升的速度为每分钟1～2℃，当样品结晶棱角开始变圆时，表示熔化已开始，结晶形状完全消失表示熔化已完成。可以看到样品变化的全过程，如结晶的失水、多晶的变化及分解。测毕停止加热，稍冷，用镊子拿走载玻片，将铝板盖在加热台上，可快速冷却，以便再次测试或收存仪器。在使用这种仪器前必须仔细阅读使用指南，严格按操作规程进行。

显微熔点测定仪测定熔点

(二)温度计校正

为了进行准确测量，应对所用温度计进行校正。校正温度计的方法有以下几种：

(1)比较法。选一支标准温度计与要进行校正的温度计在同一条件下测定温度，比较其所指示的温度值。

(2)定点法。选择数种已知准确熔点的标准样品(表4-1)，测定它们的熔点，以观察到的熔点(t_2)为纵坐标，以此熔点(t_2)与准确熔点(t_1)之差(Δt)为横坐标，如图4-3所示，从图中求得校正后的正确温度误差值，如测得的温度为100℃，则校正后应为101.3℃。

表4-1 一些有机化合物的熔点

样品名称	熔点/℃	样品名称	熔点/℃
水-冰	0	D-甘露醇	168
对二氯苯	53.1	乙酰苯胺	114.1～114.3
对二硝基苯	174	马尿酸	188～189
邻苯二酚	105	对羟基苯甲酸	214.5～215.5
苯甲酸	122.4	蒽	216.2～216.4
水杨酸	159		

三、实验用品

仪器：b形管、毛细管、玻璃管(长约45cm)、显微熔点测定仪、酒精灯、温度计(150℃)、表面皿。

试剂：乙酰苯胺、苯甲酸、乙酰苯胺和苯甲酸的等量混合物。

四、实验内容

1. 样品的制备

取 6 根毛细管，其中 4 根装已知样品乙酰苯胺、苯甲酸，另外两根装乙酰苯胺和苯甲酸的等量混合物。

2. 实验装置

如图 4-2 所示安装仪器，将 b 形管固定于铁架台上。

3. 加热

仪器和样品安装好后，用酒精灯加热侧管，掌握升温速度是准确测定熔点的关键。可先以每分钟 5 ~ 6℃的速度加热，在距离熔点 15 ~ 20℃时，调整火焰距离，以每分钟 1 ~ 2℃的速度升温，再变为更小的升温速度（每分钟小于 1℃）加热。越接近熔点，升温越缓慢，直到测出熔程。

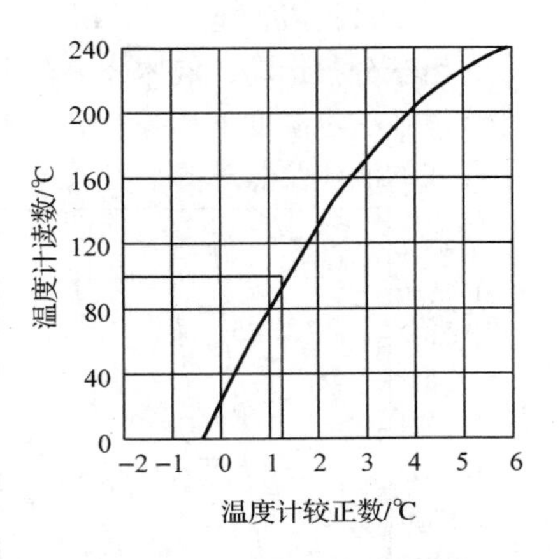

图 4-3　定点法温度计刻度校正示意

4. 记录

测定时，应观察和记录样品开始塌落、部分透明有液相产生时的温度，记录此刻温度为初熔 t_1，和固体完全消失，全部透明时的温度读数，即为全熔 t_2，$t_1 \sim t_2$即为该物质的熔程。

注释：

[1] 这是指最普通的情况，但有时两种不同物质混合后，因形成新的化合物或固溶体，熔点并不降低反而升高。

五、思考题

1. 用 b 形管测熔点时，温度计的水银球及熔点管应处于什么位置？为什么？

2. A、B 两种混合物，其熔点范围是 149 ~ 150℃。试用什么方法可以判断它们是否为同一物质？

3. 接近熔点时升温速度为何要控制得很慢？如升温太快，对所测熔点将产生什么影响？

实验 6　沸点的测定

一、实验目的

1. 理解沸点测定的原理和意义。
2. 掌握测定沸点的操作技术。

二、实验原理

由于分子运动，液体分子有从表面逸出的倾向，这种倾向常随温度的升高而增大。即液体在一定温度下具有一定的蒸气压，液体的蒸气压随温度的升高而增大，而与体系中存在的液体及蒸气的绝对量无关。

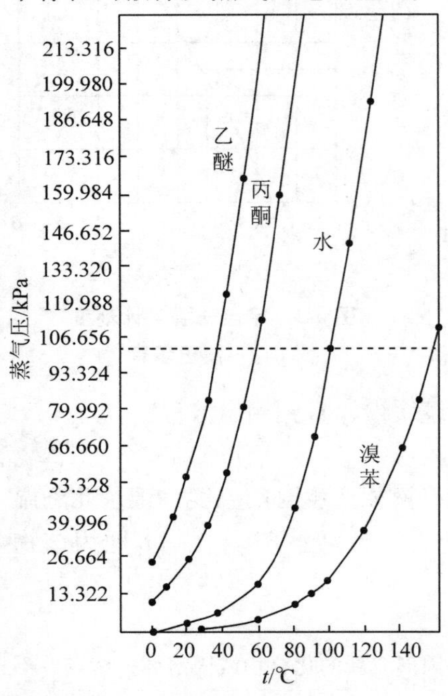

图4-4　温度与蒸气压关系

当液体的蒸气压增大至与外界施加给液面的总压力(通常是大气压力)相等时，就有大量气泡不断从液体内部逸出，即液体沸腾，这时的温度称为该液体的沸点。显然液体的沸点与外界压力有关。外界压力不同，同一液体的沸点会发生变化，如图4-4所示。

通常所说的沸点是指外界压力为101.3kPa时液体沸腾的温度。在一定压力下，纯液体有机物具有固定的沸点[1]。但当液体不纯时，则沸点有一个温度稳定的范围，常称为沸程。沸程范围较宽，说明液体纯度较差。

一般用于测定沸点的方法有两种：

(1) 常量法。即用蒸馏法来测定液体的沸点。常量法测定沸点所用的仪器装置和安装、操作中的要求及注意事项都与普通蒸馏一样。按普通蒸馏装置装好仪器后，将30mL待测样品倒入50mL圆底烧瓶中，放入2～3粒沸石，插入温度计，接通冷却水，用水浴或控温电热套加热，记录开始馏出液滴入接受器时的温度。继续加热，并观察温度有无变化，当温度计读数稳定时，此温度即为样品的沸点。直到样品大部分蒸出(约85%为止)，记录最后的温度，然后停止加热。上述起始温度至最终温度即为样品的沸程。根据沸程的大小判断样品的纯度。

(2)微量法。即利用沸点测定管来测定液体的沸点。

沸点测定管由内管(长4～5cm，内径1mm)和外管(长7～8cm，内径4～5mm)两部分组成。内外管均为一端封闭的耐热玻璃管，如图4-5所示。

在最初加热时，毛细管内存在的空气膨胀流出管外，继续加热出现气泡流。当加热停止时，留在毛细管内的唯一蒸气是由毛细管内的样品受热所形成的。此时若液体受热温度超过其沸点，管内蒸气的压力就高于外压；若液体冷却，其蒸气压下降到低于外压时，液体即被压入毛细管内。当气泡不再冒出而液体刚要进入管内(即最后一个气泡要回到管内)的瞬间，毛细管内的蒸气压正好相等，所测温度即为液体的沸点。

三、仪器和试剂

仪器：b形管、毛细管、玻璃管(长约45cm)、温度计(150℃)。

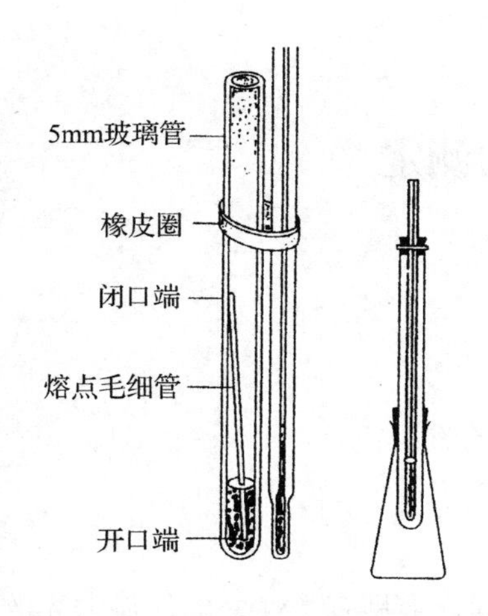

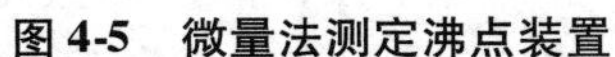

图4-5　微量法测定沸点装置

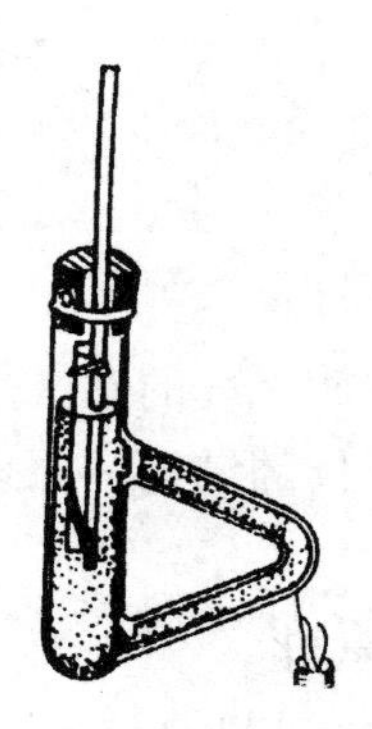

图4-6　微量法测定沸点b形管装置

试剂：四氯化碳、丙酮、1-溴丁烷、乙酸乙酯或乙酰乙酸乙酯。

四、实验内容

1. 沸点管的制备

沸点管的外管用7～8cm、内径0.2～0.3cm的玻璃管将一端烧熔封口制得，内管用毛细管截取3～4cm封其一端而成，测量时将内管开口向下插入外管中。

2. 沸点测定

取1～2滴待测样品滴入沸点管的外管中，将内管插入外管中，然后用小橡皮圈把沸点管附于温度计旁(应使装样品的部分位于温度计水银球的中部)，如图4-6所示。再把该温度计的水银球位于b形管两支管中间，然后加热。加热时由于气体膨胀，内管中会有小气泡缓缓逸出。这时停止加热，使浴液自行冷却，气泡逸出的速度即渐渐减慢。当最后一气泡不再冒出并要缩回内管时，内外管液面等高的瞬间记录温度，此时温度即为该液体的沸点。待温度下降15～20℃后，可重新加热再测一次(2次所得数值不得相差1℃)。

按上述方法进行如下测定：

(1)测定分析纯四氯化碳或丙酮等样品的沸点。

(2)测定1-溴丁烷、乙酸乙酯或乙酰乙酸乙酯等样品的沸点，查表判断所测样品的纯度。

注释：

[1]有恒定沸点的物质不一定都是纯物质，如共沸混合物也有恒定沸点。

五、思考题

1. 用微量法测沸点时应注意哪些问题？
2. 常量法和微量法测沸点时，什么时候的温度是被测样品的沸点？

实验7　旋光度的测定

一、实验目的

1. 了解测量旋光度的意义。
2. 学习旋光仪的结构、原理，掌握测量旋光度的方法。

二、实验原理

有些化合物，特别是许多天然有机化合物，因其分子具有手性，能使偏振光的振动平面旋转称为旋光性物质。偏振光通过旋光性物质后，振动平面旋转的角度称为旋光度，用 α 表示。偏振光顺时针旋转称为右旋，用(+)表示；逆时针旋转称为左旋，用(−)表示。

物质旋光度的大小除与物质的本性有关外，还随待测液的浓度、样品管的长度、测量时的温度[1]、测量所用光的波长以及溶剂的性质而改变。因此，旋光性物质的旋光能力，必须规定一些条件，使它成为能反映物质旋光能力的特性常数，才可用于比较各种旋光性物质。通常用比旋光度 $[\alpha]$ 表示这一特性常数，比旋光度与旋光度的关系可用下式表示：

$$[\alpha]_\lambda^t=\frac{\alpha}{\rho_B\cdot l}$$

式中　α——旋光仪上直接读出的旋光度；

l——样品管长度，dm；

t——测量温度；

ρ_B——被测液的质量浓度，$g\cdot mL^{-1}$，如通常用钠光灯的D线($\lambda=589nm$)，可用“D”表示；

$[\alpha]_\lambda^t$——上述测量条件下的比旋光度，$mL\cdot g^{-1}\cdot dm^{-1}$，为使用方便，我们通常省略其单位，只用与旋光度相同的“°”表示。

比旋光度是旋光性物质的特性常数之一。手册、文献上多有记载，因此，旋光度的测量具有以下意义：其一，测量已知物溶液的旋光度，再查其比旋光度，即可计算出已知物溶液的浓度；其二，将未知物配制成已知浓度的溶液，测其旋光度，再计算出比旋光度，与文献值对照，作为鉴定未知物的依据。测量旋光度的仪器称作旋光仪。旋光仪的类型很多，但其主要部件和测量原理基本相同。

三、实验用品

仪器：旋光仪。

试剂：葡萄糖、未知糖(果糖或蔗糖等)。

四、实验内容

1. 旋光仪预热

接通电源，打开开关，预热5min，使钠光灯发光正常(稳定的黄光)后即可开始工作。

2. 零点的校正

在测量样品前应按下述步骤校正旋光仪的零点。

(1)将样品管洗净，装入蒸馏水，使液面凸出管口，将玻璃沿管口轻轻平推盖好，尽量不要带入气泡。然后垫好橡皮圈，旋上螺帽，使其不漏水，但也不要过紧[2]。盖好后如发现管内仍有气泡，可将样品管带凸颈的一端向上倾斜，将气泡逐入凸颈部位，以免影响测量。

(2)将样品管擦干(两端有残液，将影响清晰度及测量精确度)，放入旋光仪样品室(要确保光通路内无气泡)，盖好盖子，待测。

(3)将刻度盘调至零点，观察零度视场3个部分高度是否一致。若一致，说明仪器零点准确；若不一致，说明零点有偏差，此时应转动刻度盘手轮，使检偏镜旋转一定角度，直至视场内3个部分高度一致，如图4-7所示。记下刻度盘上的读数(刻度盘上顺时针转为"+"，逆时针旋转为"-")。重复此操作3次，取其平均值作为零点值。在测量样品时，应从读数中减去此零点值(若偏差太大应请教师调整仪器)。

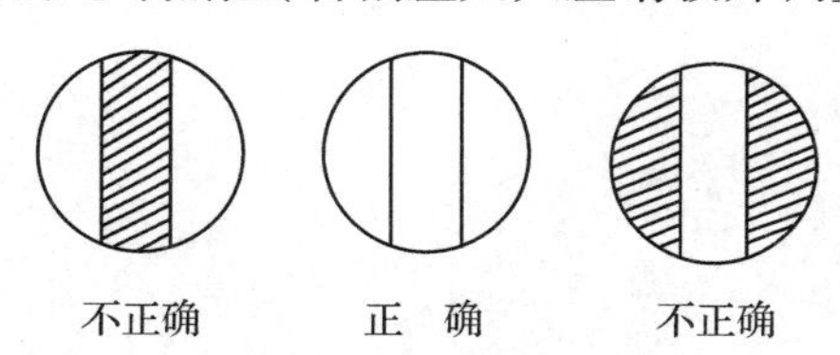

图4-7　旋光仪三部分视场

3. 样品的测量

每次测量前应先用少量待测液漂洗样品管数次，以使浓度保持不变。然后按上述步骤装入待测液进行测量。转动刻度盘带动检偏镜，当视场中亮度一致时记下读数。每个样品的测量应重复读数3次，取其平均值。该数值与零点值的差值即为该样品的旋光度。此时应注意记录所用样品管的长度、测量时的温度，并注明所用溶剂(如用水作溶剂则可省略)。测量完毕，将样品管中的液体倒出，洗净，吹干，并在橡皮垫上加滑石粉保存。

用长2dm的样品管进行如下测量：

(1)取未知浓度的葡萄糖溶液，测其旋光度，计算浓度。

(2)取未知糖样品的水溶液(事先配制为50g/L)，测其旋光度，计算比旋光度。根据表4-2鉴别该未知糖样品。

表4-2　一些糖的比旋光度

名　称	$[\alpha]_D^{20}$	名　称	$[\alpha]_D^{20}$
D-葡萄糖	+53°	麦芽糖	+136°
D-果糖	-92°	乳糖	+55°
D-半乳糖	+84°	蔗糖	+66.5°
D-甘露糖	+14°	纤维二糖	+35°

注释：

[1]旋光度与温度的关系：在采用波长 $\lambda=589nm$ 的钠光进行测量时，温度每升高1℃，旋光度约减少0.3%，所以测量工作最好能在20℃±2℃的条件下进行。

[2]螺帽扭得太紧，会因玻璃盖产生的扭力致使管内有空隙，而造成测量误差。

五、思考题

1. 旋光度的测量具有什么实际意义？
2. 若测浓度为 $50g \cdot mL^{-1}$ 的果糖溶液的旋光度，能否配制好后立即测量？为什么？
3. 测旋光度时，光通路上为什么不能有气泡？

第 5 章　有机化合物的合成

实验 8　1-溴丁烷的制备

一、实验目的

1. 学习以溴化钠、浓硫酸和正丁醇为原料制备 1-溴丁烷的原理和方法。
2. 练习带有吸收有害气体装置的回流加热操作。
3. 学习分液漏斗的使用和熟悉液体产品的纯化方法——洗涤、干燥、蒸馏等操作。

二、实验原理

卤代烃是一类重要的有机合成中间体。由醇和氢卤酸反应制备卤代烷，是卤代制备中的一个重要方法。正溴丁烷是通过正丁醇与氢溴酸制备而成的。

主反应：

$$NaBr + H_2SO_4 \longrightarrow HBr + NaSO_4$$
$$nC_4H_9OH + HBr \longrightarrow nC_4H_9Br + H_2O$$

可能的副反应：

$$C_4H_9OH \xrightarrow{\text{浓 } H_2SO_4} C_2H_5CH{=}CH_2 + H_2O$$
$$2C_4H_9OH \xrightarrow{\text{浓 } H_2SO_4} C_4H_9OC_4H_9 + H_2O$$
$$2HBr + H_2SO_4 \longrightarrow Br_2 + SO_2 + H_2O$$

本反应是可逆反应。HBr 是一种极易挥发的无机酸，无论是液体还是气体刺激性都很强。因此，实验中采用 NaBr 与 H_2SO_4 作用产生 HBr 的方法，使 HBr 边生成边参与反应，这样可提高 HBr 的利用率。但是由于 HBr 有毒害且 HBr 气体难以冷凝，所以在反应装置中加入气体吸收装置，将外逸的 HBr 气体吸收，以免造成对环境的污染。

三、实验用品

仪器：圆底烧瓶(50mL、100mL)、冷凝管(直形、球形)、温度计套管、长颈漏斗、烧杯、蒸馏头、量筒、75°弯管、空心塞、真空接引管、温度计(200℃)、锥形瓶、分液漏斗。

试剂：正丁醇、NaBr(无水)[1]、浓 H_2SO_4($d = 1.84$)、10% $NaCO_3$ 溶液、无水 $CaCl_2$。

四、实验内容

在一小锥形瓶中加入10mL水，在冷水浴中一边振荡一边加入10mL浓H_2SO_4，制成1∶1的H_2SO_4备用。

将8.3g研碎的NaBr、6.2mL正丁醇、1~2粒沸石加入100mL圆底烧瓶中。烧瓶上装一回流冷凝管。将稀释后的H_2SO_4分4次从冷凝管上口加入反应瓶，每加一次都要充分振荡烧瓶，使反应物混合均匀，浓H_2SO_4加完后，连接好气体吸收装置[2]，如图5-1所示。

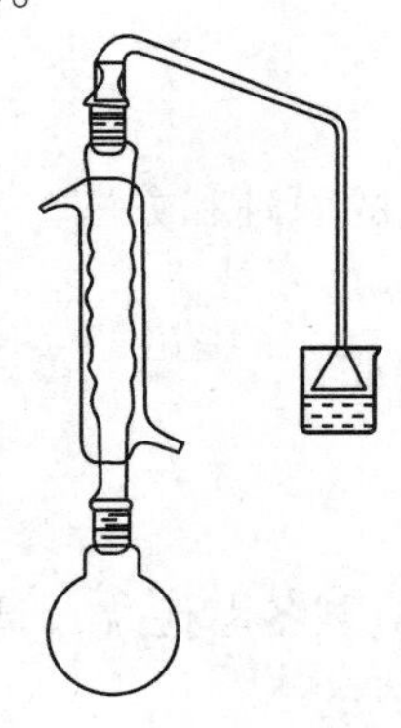

图5-1　带气体吸收的回流装置

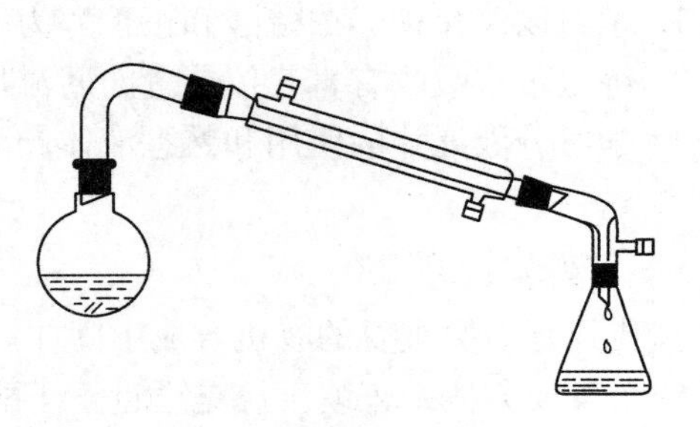

图5-2　简易蒸馏装置

加热至反应物沸腾，回流30min[3]，停止加热，反应物冷却数分钟。卸去回流冷凝管，反应瓶中添加沸石，如图5-2所示，用75°弯管连接直形冷凝管，换成蒸馏装置，进行蒸馏。馏出液用细口瓶收集，蒸馏至馏出液无油滴或澄清为止[4]。

馏出液倒入分液漏斗，分层后，将油层[5]从下面放入干燥的小锥形瓶，并置于冷水浴中冷却并振摇5min，然后在冷却状态下将5mL浓H_2SO_4慢慢加入瓶中洗涤油层，再将混合物倒入分液漏斗，分去下层的浓H_2SO_4。油层依次分别用10mL水[6]、5mL 10% Na_2CO_3溶液和10mL水洗涤。粗产品放入干燥的小锥形瓶中，少量分批地加入无水$CaCl_2$，并间歇振荡直至液体澄清。

将液体滤入干燥圆底烧瓶，加热蒸馏。收集99~102℃馏分。

产量：约6.5g。

纯1-溴丁烷为无色透明液体，沸点101.6℃。

注释：

[1]含结晶水的NaBr，可进行换算，并相应减少加入的水量。

[2]在本实验中，由于采用1∶1的H_2SO_4(即62% H_2SO_4)回流时如果保持缓和的沸腾状态，很少有HBr气体从冷凝管上端逸出，这样，如果在通风橱中操作，气体吸收装置可以省略。

[3]回流时间短，则反应物中未反应的正丁醇过多，但回流时间再继续延长，产物也不能再提高多少。

[4]用盛清水的试管收集馏出液，看有无油滴。粗1-溴丁烷约7mL。

[5]馏出液分层后，一般水层在上层，油层在下层；若过多的正丁醇未反应，或因蒸馏过久而蒸出一些氢溴酸共沸液，则液层相对密度发生变化，油层可能悬浮或变为上层，如遇此现象，可加清水

稀释使油层下沉。

[6]油层如呈红棕色，为含有游离的溴。此时可用溶有少量亚硫酸氢钠的水溶液洗涤以除去溴。

五、思考题

1. 什么时候用气体吸收装置？怎样选择吸收剂？
2. 为什么用饱和碳酸氢钠溶液洗涤前先要用水洗一次？
3. 分液漏斗洗涤产物时，正溴丁烷时而在上层，时而在下层，若不知道产物的密度，可用什么简便的方法加以判断？
4. 蒸馏出的馏出液中正溴丁烷通常应在下层，但有时可能出现在上层，为什么？若遇此现象如何处理？
5. 溴丁烷制备实验中，硫酸浓度太高或太低会带来什么结果？
6. 溴丁烷的制备实验中，各步洗涤的目的是什么？
7. 丁烷的制备如何减少副反应的生成？

实验9　乙酸乙酯的制备

一、实验目的

1. 学习酯化反应原理及由乙酸和乙醇制备乙酸乙酯的方法。
2. 学习回流反应装置的搭制方法。
3. 进一步掌握蒸馏、分液漏斗的使用、液体的洗涤与干燥等基本操作。

二、实验原理

乙酸乙酯的合成方法很多，如可由乙酸或其衍生物与乙醇反应制取，也可由乙酸钠与卤乙烷反应来合成等。其中，最常用的方法是在酸催化下由乙酸和乙醇直接酯化法。常用浓硫酸、氯化氢、对甲苯磺酸或强酸性阳离子交换树脂等作催化剂。其反应为：

主反应：

$$CH_3COOH + CH_3CH_2OH \xrightleftharpoons{H_2SO_4} CH_3COOCH_2CH_3 + H_2O$$

可能的副反应：

$$2CH_3CH_2OH \xrightleftharpoons{H_2SO_4} CH_3CH_2OCH_2CH_3 + H_2O$$

$$CH_3CH_2OH \xrightarrow{H_2SO_4} CH_2{=}CH_2 + H_2O$$

三、实验用品

仪器：圆底烧瓶(50mL、100mL)、直形冷凝管、温度计、分液漏斗、电热套、蒸馏头、接引管、铁架台、胶管等。

试剂：冰醋酸、95%乙醇、浓硫酸、饱和碳酸钠溶液、饱和食盐水、饱和氯化钙溶液、无水硫酸镁。

四、实验内容

在100mL圆底烧瓶中加入14.3mL冰醋酸、23mL 95%乙醇，在摇动中慢慢加入7.5mL浓硫酸，加入几颗沸石，装上回流冷凝管，水浴加热，溶液沸腾，观察回流情况，沸腾回流0.5h，停止加热，待溶液稍冷后，加几颗沸石，改为蒸馏装置，水浴加热进行蒸馏，收集馏出液至无液体蒸出，得粗制的乙酸乙酯。

向粗制的乙酸乙酯中加入饱和碳酸钠溶液，直到无气泡冒出为止，液体分层，上下层均为无色透明液体，用pH试纸检验上层有机层，试纸检验呈中性，否则需继续加入碳酸钠溶液，直至呈中性。将液体转入分液漏斗分液，静置，弃去水层，有机层加入20mL饱和食盐水洗涤[1]，静置后取上层，加入10mL饱和氯化钙洗涤2次，静置后取上层，转入干燥的锥形瓶，加入3g无水硫酸镁干燥30min[2]，粗底物无色澄清透亮，硫酸镁沉于锥形瓶底部，底物滤入50mL圆底烧瓶，加入沸石，按照图3-7安装好蒸馏装置，水浴加热，收集73～78℃馏分[3]，液体沸腾，70℃有液体馏出，体积很少，液体稍显浑浊，73℃开始换锥形瓶收集，长时间稳定于74～76℃，升至78℃后下降。停止加热。

产量：约11.7g。

纯净的乙酸乙酯沸点为77.08℃。

注释：

[1]用饱和碳酸钠溶液除去乙酸、亚硫酸等酸性杂质后，碳酸钠必须洗去，否则下一步用饱和氯化钙溶液洗去乙醇时，会产生絮状的碳酸钙沉淀，造成分离的困难。为减少酯在水中的溶解度(每17份水溶解1份乙酸乙酯)，故用饱和食盐水洗碳酸钠。

[2]乙酸乙酯与水或乙醇可分别生成共沸混合物，若三者共存则生成三元共沸混合物，故在未干燥前已是清亮透明溶液。因此，不能以产品是否透明作为是否干燥好的标准，应以干燥剂加入后吸水情况而定，并放置30min。期间要不时摇动。若洗不干净或干燥不够时，会形成低沸点的共沸混合物，从而影响到酯的产率。

[3]乙酸乙酯与水或醇形成二元和三元共沸物的组成及沸点如下：

共沸物组成	共沸点
乙酸乙酯91.9%，水8.1%	70.4℃
乙酸乙酯69.0%，乙醇31.0%	71.8℃
乙酸乙酯82.6%，乙醇8.4%，水9.0%	70.2℃

五、思考题

1. 本反应有什么特点？本实验如何创造条件使酯化反应尽量向生成物方向进行？
2. 浓硫酸的作用是什么？加入浓硫酸的量是多少？
3. 采用乙酸过量是否可以？为什么？
4. 用饱和碳酸钠溶液洗涤过后，为什么紧跟着用饱和食盐水溶液洗涤，而不用氯化钙溶液直接洗涤？

5. 为什么使用饱和氯化钙溶液洗涤酯层？

实验10　硝基苯的制备

一、实验目的

1. 学习从苯制备硝基苯的方法。
2. 学习萃取、空气冷凝等基本操作。

二、实验原理

由浓硝酸和苯在浓硫酸催化下硝化制取硝基苯[1]。

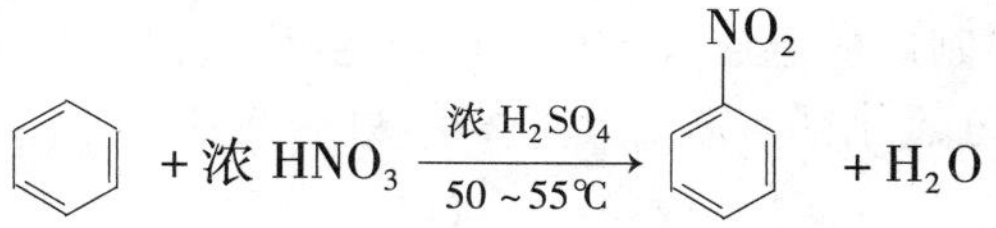

$$C_6H_6 + 浓\ HNO_3 \xrightarrow[50\sim55℃]{浓\ H_2SO_4} C_6H_5NO_2 + H_2O$$

三、实验用品

仪器：锥形瓶（100mL）、三口烧瓶（250mL）、玻璃管、橡皮管、温度计（100℃、300℃）、磁力搅拌器、磁力搅拌子、量筒（20mL）、滴液漏斗（50mL）、圆底烧瓶（50mL）、分液漏斗（100mL）、空气冷凝蒸馏装置、石棉、大烧杯、铁架台、铁圈、加热装置、石棉网。

试剂：苯、浓硝酸、浓硫酸、5%氢氧化钠溶液、无水氯化钙。

四、实验内容

在100mL锥形瓶中，先加入18mL浓硝酸[2]，然后在冷却和摇荡下慢慢加入20mL浓硫酸制成混合酸备用。

在250mL三口烧瓶内加入18mL苯及一个磁力搅拌子，如图2-5所示，分别安装温度计（水银球伸入液面下）、滴液漏斗及冷凝管，冷凝管上端连一橡皮管并通入水槽。

开动磁力搅拌器搅拌，用滴液漏斗滴入上述制好的冷的混合酸。控制滴液速度使反应体系温度维持在50～55℃，勿超过60℃[3]，若超过可用冷水冷却。此过程需时1h左右。滴加完毕后，继续搅拌15～20min。

反应混合物用冷水浴冷却后将其移入100mL分液漏斗。分液后弃去下层混合酸。有机层依次用等体积（约20mL）的水、5%氢氧化钠溶液、水洗涤[4]。将硝基苯移入50mL锥形瓶中，用2g无水氯化钙干燥，旋摇锥形瓶至混浊消失。

将干燥好的硝基苯滤入50mL干燥圆底烧瓶中，接空气冷凝管，加热蒸馏，收集

205～210℃馏分。

产量：约18g。

纯硝基苯为淡黄色的透明液体，沸点210.8℃。

注释：

[1]硝基化合物对人体有害，吸入蒸气或被皮肤接触吸收，均会引起中毒！所以，处理硝基苯或其他硝基化合物时，必须谨慎小心，如不慎触及皮肤，应立即用少量乙醇擦洗，再用肥皂及温水洗涤。

[2]一般工业浓硝酸的相对密度为1.52，用此酸反应时，极易得到较多的二硝基苯。为此，可用3.3mL水、20mL浓硫酸和18mL工业浓硝酸组成的混合酸进行硝化。

[3]硝化反应是一个放热反应，温度一旦超过60℃时，则有较多的二硝基苯生成，且也易造成部分硝酸和苯挥发逸去。

[4]洗涤硝基苯时，若过分用力摇荡，产品极易乳化而难以分层，特别是用氢氧化钠溶液洗涤时，这种情况更为明显。遇此情况，可加固体氯化钙或氯化钠饱和，或加数滴乙醇，静置片刻，即可分层。

五、思考题

1. 实验为什么要控制反应温度在50～55℃？温度过高有什么不好？
2. 依次用水、5%氢氧化钠溶液、水洗涤的目的何在？

实验11　苯甲酸的制备

一、实验目的

1. 学习以高锰酸钾氧化甲苯制备苯甲酸的原理和方法。
2. 学习重结晶操作方法。

二、实验原理

氧化反应是制备羧酸的常用方法。芳香族羧酸通常用氧化含有α-H的芳香烃的方法来制备。芳香烃的苯环比较稳定，难于氧化，而环上的支链无论长短，在强烈氧化时，最终都氧化成羧基。

制备羧酸采用的都是比较强烈的氧化条件，而氧化反应一般都是放热反应，所以控制反应在一定的温度下进行是非常重要的。如果反应失控，不但破坏产物，使产率降低，有时还有发生爆炸的危险。

反应：

$$C_6H_5CH_3 + 2KMnO_4 \longrightarrow C_6H_5COOK + KOH + 2MnO_2 + H_2O$$

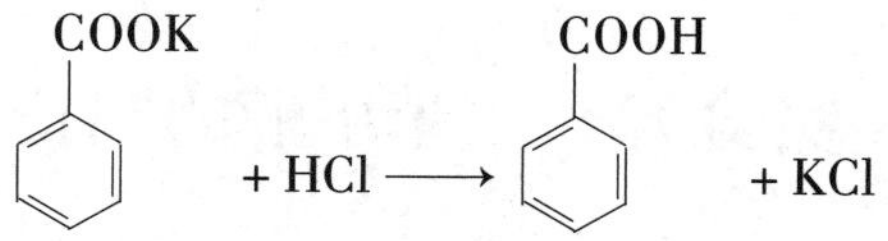

$$C_6H_5COOK + HCl \longrightarrow C_6H_5COOH + KCl$$

三、实验用品

仪器：圆底烧瓶(250mL)、三口烧瓶(150mL)、球形冷凝管、表面皿、布氏漏斗、吸滤瓶。

试剂：甲苯、浓盐酸、高锰酸钾、亚硫酸氢钠、刚果红试纸。

四、实验内容

将2.7mL(2.3g)甲苯和120mL水和8.2g高锰酸钾加入250mL圆底烧瓶中，再加入几颗沸石，安装球形回流冷凝管，加热至沸，煮沸4~5h，并间歇摇动烧瓶，当甲苯层近乎消失，回流不再出现油珠时，停止加热。如果反应混合物呈紫色，可加放少量亚硫酸氢钠使紫色褪去[1]。

将反应混合物趁热抽滤，用少量热水多次洗涤滤渣二氧化锰。合并滤液并倒入400mL烧杯中，烧杯放在冷水浴中冷却，然后用浓盐酸酸化，直到苯甲酸全部析出为止。

将析出的苯甲酸抽滤，用少量冷水洗涤，挤压去水分。把制得的苯甲酸放在沸水浴上干燥。

产量：约1.7g。

若要得到纯净的苯甲酸，可在水中进行重结晶[2]。

纯净的苯甲酸为白色片状或针状晶体，熔点122.4℃。

注释：

[1]因氧化剂高锰酸钾是过量的，反应完后反应液仍呈紫色，可从冷凝管上口分次加入少量饱和亚硫酸氢钠溶液，直到使反应液紫色褪去为止。

[2]苯甲酸在100g水中的溶解度为；4℃，0.18g；18℃，0.27g；75℃，2.2g。

五、思考题

1. 反应中，影响苯甲酸产量的主要因素有哪些？
2. 反应完毕后，如果滤液呈紫色，为什么要加亚硫酸氢钠？
3. 制备苯甲酸还有什么方法？
4. 高锰酸钾氧化甲苯制备苯甲酸时，如何判断反应的终点？
5. 甲苯没有被全部氧化成苯甲酸，问残留在苯甲酸中的甲苯如何除去？

实验12　二苯甲醇的制备

一、实验目的

1. 学习制备二苯甲醇的实验原理和方法。
2. 进一步掌握重结晶的操作方法。

二、实验原理

二苯甲酮可以通过多种还原剂还原得到二苯甲醇。在碱性醇溶液中用锌粉还原，是制备二苯甲醇常用的方法，适用于中等规模的实验室制备；对于小量合成，硼氢化钠是更理想的试剂。

锌粉还原法：

$$Ph_2C{=}O \xrightarrow{Zn + NaOH} Ph_2CH{-}OH$$

硼氢化钠还原法：

$$Ph_2C{=}O \xrightarrow[MeOH]{NaBH_4} Ph_2CH{-}OH$$

三、实验用品

仪器：滴液漏斗、磁力搅拌子、球形冷凝管(标准口)、油浴锅、温度计(100℃)、三口烧瓶(100mL)、量筒(100mL)、锥形瓶(50mL)、减压抽滤装置、天平、干燥器、烧杯、玻璃棒、表面皿、滤纸、紫外分析仪、红外灯。

试剂：二苯甲酮、锌粉、氢氧化钠、无水乙醇、石油醚(60～90℃)、乙酸乙酯、环己烷、硅胶G、浓盐酸、硼氢化钠、95%乙醇、10%盐酸。

四、实验内容

1. 锌粉还原法

在50mL锥形瓶中，依次加入2.0g研细的氢氧化钠，1.83g二苯甲酮和20mL 95%乙醇，最后加入2g锌粉，在瓶口安装冷凝管后充分振摇20min，反应微微放热。然后在80℃的热水浴上加热15～20min，使反应完全。在薄层板上与二苯甲酮溶液对照点样，展开剂选择(乙酸乙酯∶环己烷＝1∶2)，晾干后放在紫外分析仪下观察反应进行的情况。减压过滤，固体用少量乙醇多次洗涤。将滤液倒入盛有80mL预先用冰水浴冷却的水中，摇匀后用浓盐酸小心酸化至pH值为5～6[1]。析出的固体再次减压过滤，粗品红外灯下干燥、称重。然后用沸点为60～90℃的石油醚约15mL重结晶，抽滤、干燥后得二苯甲醇的针状结晶约1g，熔点68～69℃。

2. 硼氢化钠还原法

如图2-5所示，在装有回流冷凝管、滴液漏斗、温度计和磁力搅拌子的100mL的三口烧瓶中，加入3.66g（20.08mmol）二苯酮和20mL 95%乙醇，加热使其溶解。冷却至室温后，在搅拌下分批加入0.46g（12.2mmol）硼氢化钠[2]，此时，可观察到气泡出现，反应温度升高，硼氢化钠加入速度以反应温度不超过50℃为宜。硼氢化钠加毕，继续搅拌回流20min，待冷却至室温后，在搅拌状态下加入20mL冷水以分解过量的硼氢化钠，然后逐滴加入10%盐酸3.0～5.0mL，直至反应停止。改为蒸馏装置，蒸出大部分乙醇，待反应液冷却后，抽滤，用水洗涤所得固体，干燥。然后用石油醚重结晶，抽滤、干燥后得二苯甲醇的针状结晶约2g，熔点68～69℃。

本实验需时2～3h。

注释：

[1]酸化时溶液酸性不宜太强，否则固体难以析出。

[2]硼氢化钠有腐蚀性，注意勿与皮肤接触。

五、思考题

1. 硼氢化钠与氢化锂铝在还原性及操作上有什么不同？
2. 酸在这个实验中所起到的作用主要有哪些？
3. 实验中溶剂的选择是95%乙醇，可否选择甲醇？为什么？

实验13　呋喃甲醇和呋喃甲酸的制备

一、实验目的

1. 学习呋喃甲醛在浓碱条件下进行坎尼查罗（Cannizzaro）反应制得相应的醇和酸的原理和方法。
2. 学习芳香杂环衍生物的性质。
3. 巩固洗涤、萃取、蒸馏、减压过滤和重结晶操作。

二、实验原理

在浓的强碱作用下，不含α-活泼氢的醛类可以发生分子间自身氧化还原反应，一分子醛被氧化成酸，而另一分子醛则被还原为醇，此反应称为坎尼查罗（Cannizzaro）反应。

在坎尼查罗反应中，通常使用50%的浓碱，其中碱的物质的量比醛的物质的量多1倍以上，否则反应不完全，未反应的醛与生成的醇混在一起，通过一般蒸馏很难分离。

$$2\ \text{C}_4\text{H}_3\text{O}\text{—CHO} \xrightarrow{\text{浓 NaOH}} \text{C}_4\text{H}_3\text{O}\text{—CH}_2\text{OH} + \text{C}_4\text{H}_3\text{O}\text{—COONa}$$

$$\text{C}_4\text{H}_3\text{O}\text{—COONa} \xrightarrow{\text{H}^+} \text{C}_4\text{H}_3\text{O}\text{—COOH}$$

三、实验用品

仪器：烧杯(50mL)、玻璃棒、温度计(200℃)、滴液漏斗、水浴锅、三角烧瓶、量筒(25mL)、分液漏斗、布氏漏斗、抽滤瓶、圆底烧瓶(50mL)、直形冷凝管、温度计套管、蒸馏头、锥形瓶、接引管、分液漏斗。

试剂：呋喃甲醛(新蒸)[1]、氢氧化钠、乙醚[2]、无水硫酸镁、浓盐酸、刚果红试剂。

四、实验内容

在50mL烧杯中加入3.28mL呋喃甲醛，并用冰水冷却；配制1.6g氢氧化钠溶于2.4mL水中的溶液，并冷却。在搅拌下从分液漏斗滴加氢氧化钠水溶液于呋喃甲醛中。控制滴加速度，以保证滴加过程中反应混合物温度保持在8~15℃[3]，加完后，在此温度下继续搅拌40min，得一黄色浆状物[4]。

在搅拌下向反应混合物加入适量水(约5mL)使黄色浆状物恰好完全溶解[5]，得暗红色溶液，将溶液转入分液漏斗中，用乙醚萃取4次，每次用量3mL，合并乙醚萃取液，用无水硫酸镁干燥后，先在水浴中蒸去乙醚，然后在石棉网上加热蒸馏，收集169~172℃馏分，产量1.2~1.4g，纯呋喃甲醇为无色透明液体，沸点171℃。

在乙醚提取后的水溶液中慢慢滴加浓盐酸，搅拌，滴至刚果红试剂变蓝[6](约1mL)，冷却后，呋喃甲酸结晶析出，减压过滤，用少量冷水洗涤，抽干后，收集粗产物，然后用水重结晶，得白色针状呋喃甲酸，产量约1.5g，熔点为130~132℃。纯呋喃甲酸的熔点为133℃。

注释：

[1]呋喃甲醛为无色或浅黄色液体，存放过久会变质，呈棕褐色甚至黑色，因此使用前需蒸馏提纯，收集155~162℃的馏分。最好在减压下蒸馏，收集54~55℃/2.27kPa馏分。

[2]乙醚为易制毒溶剂，不易购得，可以用甲基叔丁基醚代替。

[3]反应温度若高于15℃，则反应难以控制，致使反应物变成深红色；若温度过低，则反应过慢，可能积累一些氢氧化钠。一旦发生反应，则过于猛烈，增加副反应，影响产量及纯度。由于氧化还原是在两相间进行的，因此必须充分搅拌。

[4]加完氢氧化钠溶液后，若反应溶液已变成黏稠物而无法搅拌时，就不需要继续搅拌，可往下进行。

[5]加水过多会损失一部分产品。

[6]酸要加够，以保证pH=3左右，使呋喃甲酸充分游离出来，这是影响呋喃甲酸收率的关键。

五、思考题

1. 为什么要使用新鲜的呋喃甲醛？长期放置的呋喃甲醛含什么杂质？若不先除去，对本实验有何影响？

2. 酸化这一步为什么是影响产物收率的关键？应如何保证完成？

实验 14　乙酰苯胺的制备

一、实验目的

乙酰苯胺的制备

1. 掌握苯胺乙酰化反应的原理和实验操作。
2. 掌握分馏柱的作用机理和用途。
3. 熟练掌握重结晶、趁热过滤和减压过滤等操作技术。

二、实验原理

芳香族伯胺的芳环和氨基都容易起反应，在有机合成上为了保护氨基，往往先把它乙酰化，然后进行其他反应，最后水解去乙酰基。

乙酰化的方法可用芳胺与酰氯、酸酐或用冰醋酸等试剂进行反应。其中，与酰氯反应最激烈，酸酐次之，冰醋酸最慢。采用酰氯或酸酐作为酰化剂，反应进行较快，但原料价格较贵，采用冰醋酸作为酰化剂，反应较慢，但价格便宜，操作方便，适用于规模较大的制备。

本实验是用冰醋酸作乙酰化试剂：

$$C_6H_5\text{—}NH_2 + CH_3COOH \xrightleftharpoons{\text{Zn 粉}} C_6H_5\text{—}NHCOCH_3 + H_2O$$

苯胺与冰醋酸的反应是可逆反应，为防止乙酰苯胺的水解，提高产率，采用了将其中一个生成物——水在反应过程中不断移出体系及反应物乙酸过量的方法破坏平衡，使平衡向右移动。因此，要求实验装置既能反应又能进行蒸馏。由于水与反应物冰醋酸的沸点相差不大，必须在反应瓶上装一个刺形分馏柱，使水和乙酸的混合气体在分馏柱内进行多次汽化和冷凝，使这两种气体得到分离，从而减少乙酸蒸出，保证水的顺利蒸出。

三、实验用品

仪器：刺型分馏柱、温度计、冷凝管、锥形瓶、尾接管、布氏漏斗、真空循环水泵。

试剂：苯胺、冰醋酸、锌粉、活性炭。

四、实验内容

在100mL圆底烧瓶中，加入5g新蒸馏的苯胺、8mL冰醋酸和0.1g锌粉。立即装上分馏柱，在柱顶安装一支温度计，实验装置如图3-12所示。用电热套缓慢加热，使反应溶液在微沸状态下回流，调节电压，使柱顶温度在105℃左右，反应约1h。反应生成的水及少量乙酸被蒸出，当温度下降或烧瓶内出现白色雾状时，反应已基本完成，停止加热。

拆卸装置，趁热[1]将反应液以细流倒入盛有100mL冷水的烧杯中，边倒边不断搅拌，观察到有细粒状固体析出。冷却后抽滤，并用少量冷水洗涤固体，得到乙酰苯胺粗产品。

将粗产品转移到烧杯中，加入100mL水[2]，在搅拌下加热至沸腾。观察是否有未溶解的油状物，如有则补加水，直到油珠全溶。稍冷后，加入0.5g活性炭，并煮沸5min，趁热过滤[3]，滤液倒入热的烧杯中。然后自然冷却至室温，冰水冷却，待结晶完全析出后，进行抽滤。用少量冷水洗涤滤饼2次，压紧抽干。将结晶转移至表面皿中，自然晾干后称量，计算产率。

产量：约5g。

纯净的乙酰苯胺为白色针状晶体，熔点114.3℃。

注释：

[1]若让反应液冷却，则乙酰苯胺固体析出，沾在烧瓶壁上不易倒出。

[2]只用水重结晶溶解速度较慢，可用5%~10%的乙醇水溶液进行重结晶。

[3]趁热过滤时，可采用保温漏斗，也可采用抽滤装置。但布氏漏斗和吸滤瓶一定要预热。滤纸大小要合适，抽滤过程要快，避免产品在布氏漏斗中结晶。

五、思考题

1. 用乙酸酰化制备乙酰苯胺方法如何提高产率？
2. 反应温度为什么控制在105℃左右？过高过低对实验有什么影响？
3. 根据反应式计算，理论上能产生多少毫升水？为什么实际收集的液体量多于理论量？
4. 反应终点时，温度计的温度为何下降？

实验15　正丁醚的合成

一、实验目的

1. 掌握醇分子间脱水制备醚的反应原理和实验方法。
2. 学习使用带有水分离器的实验操作。

二、实验原理

醚是有机合成中常用的溶剂和萃取剂。脂肪族低级单纯醚通常由两分子醇在酸性脱水催化剂存在下发生分子间脱水来制备。实验室常用浓硫酸作为脱水剂，此外，还可以用磷酸、芳香族磺酸或离子交换树脂等作为脱水剂。

该法适用于从低级伯醇制备单纯醚，反应是 S_N2 反应；用仲醇制醚时产量不高；用叔醇为原料，则主要发生分子内脱水生成烯烃的反应。

该类反应是可逆反应，因此，在实验操作上通常采用蒸出反应产物（醚或水）的方法，使反应向有利于生成醚的方向移动。同时，必须严格控制反应温度，以减少副产物烯烃及二烷基硫酸酯的生成。此外，用浓硫酸作脱水剂时，由于浓硫酸的氧化作用，往往会有少量氧化产物和二氧化硫生成。

混合醚和冠醚通常用 Williamson 合成法制备，即用卤代烷、磺酸酯及硫酸酯与醇钠或酚钠反应，该反应是一个 S_N2 反应。

工业上常采用在脱水催化剂（氧化铝、硫酸铝等）存在下进行气相醚化来制取醚。

主反应：

$$2CH_3CH_2CH_2CH_2OH \underset{\triangle}{\overset{浓\ H_2SO_4}{\rightleftharpoons}} (CH_3CH_2CH_2CH_2)_2O + H_2O$$

副反应：

$$CH_3CH_2CH_2CH_2OH \underset{\triangle}{\overset{浓\ H_2SO_4}{\rightleftharpoons}} CH_3CH_2CH{=}CH_2 + H_2O$$

$$CH_3CH_2CH_2CH_2OH \xrightarrow[\triangle]{浓\ H_2SO_4} CH_3CH_2CH_2COOH + H_2O + SO_2\uparrow$$

$$SO_2 + H_2O \longrightarrow H_2SO_3$$

三、实验用品

仪器：三口烧瓶（100mL）、回流冷凝管、水分离器、温度计、蒸馏装置、分液漏斗。

试剂：正丁醇、浓硫酸、5%氢氧化钠溶液、饱和氯化钙溶液、无水氯化钙。

四、实验内容

在100mL三口烧瓶中加入31mL正丁醇，将4.5mL浓硫酸慢慢加入并振荡烧瓶，使浓硫酸和正丁醇混合均匀，加入几粒沸石，按图5-3安装仪器。先在分水器中放置（$V-3.5$）mL水[1]，然后将烧瓶在石棉网上用小火加热，使反应物微沸并开始回流[2]。随着反应的进行，回流液经冷凝管冷凝后收集于水分离器中，分液后由于相对密度的不同，水在下层，而相对密度比水小的有机相浮于水面，当积至水分离器支管时，即可返回烧瓶。继续加热，当烧瓶内反应物温度上

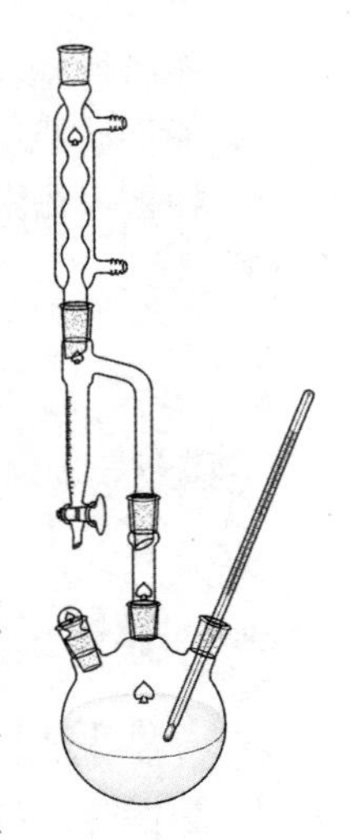

图5-3 实验装置

升至135℃左右，水分离器全部被水充满时，表示反应已基本完成。如继续加热，则溶液变黑并有较多副产物丁烯生成。

待反应液冷至室温后，倒入盛有50mL水的分液漏斗中，充分振荡，静置分层后弃去下层液体。上层粗产物依次用25mL水、15mL 5%氢氧化钠溶液、15mL水和15mL饱和氯化钙溶液洗涤[3]，将粗产物转入一干燥的小锥形瓶中，用无水氯化钙干燥。

将干燥后的产物仔细地滤入小蒸馏烧瓶中，加入几粒沸石，在石棉网上加热蒸馏，收集140～144℃馏分。称量，计算产率，并测定产物的折光率。表5-1为正丁醇和正丁醚的物理常数。

表5-1 主要试剂及产物的物理常数

名 称	相对分子质量	性 状	密度 ρ /g·mL^{-1}	熔点 /℃	沸点 /℃	折光率 n	溶解性/g·(100mL溶剂)$^{-1}$		
							水	乙醇	乙醚
正丁醇	74.12	无色液体	0.8098_4^{20}	−89.53	117.25	1.3993^{20}	9(15℃)	混溶	混溶
正丁醚	130.23	无色液体	0.7689_4^{20}	−95.3	142	1.3992^{20}	<0.05	混溶	混溶

注释：

[1] V为水分离器的体积。根据理论量计算生成的水量约3mL，实际分出的水的体积应略大于计算量，否则产率很低。

[2] 制备正丁醚的适宜温度是130～140℃，但由于恒沸物的形成，这一温度在开始回流时是很难达到的，实际操作是在100～115℃。

[3] 在碱洗时，不要太剧烈地振摇分液漏斗，否则会生成乳浊液而影响分离。

五、思考题

1. 试根据试剂及产物的物理常数及所需的反应条件设计实验室中由乙醇制取乙醚的方法，并与制备正丁醚的实验相比较。
2. 试根据本实验中正丁醇的用量，计算应生成的水的体积。
3. 如何得知反应已经比较完全？
4. 各步洗涤的目的是什么？
5. 如果最后蒸馏前的粗产品中含有正丁醇，能否用分馏的方法将它除去？这样做好不好？

实验16 苯乙酮的合成

一、实验目的

1. 掌握芳烃酰基化反应原理和实验方法。
2. 学习芳烃酰基化反应的实验操作。

二、实验原理

本实验用苯和乙酐为原料，无水三氯化铝为催化剂制备苯乙酮。反应式如下：

$$\text{苯} + (CH_3CO)_2O \xrightarrow{\text{无水 } AlCl_3} C_6H_5\text{—}COCH_3 + CH_3COOH$$

三、实验用品

仪器：三口烧瓶(250mL)、搅拌器、滴液漏斗、冷凝管、干燥管、蒸馏装置。

试剂：无水苯、无水三氯化铝、乙酸酐、浓盐酸、5%氢氧化钠、无水硫酸镁。

四、实验内容

在250mL干燥三口烧瓶上，分别装置搅拌器、滴液漏斗及冷凝管(见图2-5的电动搅拌装置)。在冷凝管上端装一氯化钙干燥管[1]，后者再接一氯化氢气体吸收装置。

迅速称取20g经研碎的无水三氯化铝[2]，放入三口烧瓶中，再加入30mL无水苯，在搅拌下滴入6mL乙酸酐(约65g，0.063mol)及10mL无水苯的混合液(约20min)。加完后，在水浴上加热30min，至无氯化氢气体逸出为止。然后将三口烧瓶浸于冷水浴中，在搅拌下慢慢滴入50mL浓盐酸与60mL冰水的混合液。当瓶内固体完全溶解后，分出苯层。水层每次用15mL苯萃取2次。合并苯层，依次用5%氢氧化钠溶液、水各20mL洗涤，苯层用无水硫酸镁干燥。将干燥后的粗产物先在水浴上蒸去苯[3]。再在石棉网上加热蒸去残留的苯，当温度升至140℃左右时，停止加热。稍冷，换空气冷凝管，继续蒸馏，收集198~202℃的馏分[4]，产量4~5g(产率52%~65%)。

纯净的苯乙酮沸点为202.0℃，熔点为20.5℃。

注释：

[1]仪器必须充分干燥，否则影响反应顺利进行。装置中凡是和空气相接的地方，应装置干燥管。

[2]无水三氯化铝的质量是实验成败的关键之一。研细、称量、投料都要迅速，避免长时间暴露在空气中。为此，可在带塞的锥形瓶中称量。

[3]由于最终产物不多，宜选用较小的蒸馏瓶，苯溶液可用分液漏斗分数次加入蒸馏瓶中。

[4]也可用减压蒸馏。表5-2为苯乙酮在不同压力下的沸点。

表5-2 苯乙酮在不同压力下的沸点

压力/Pa	533	667	800	933	1.07×10^3	1.20×10^3	1.33×10^3	3.33×10^3
沸点/℃	60	64	68	71	73	76	78	98

压力/Pa	4.00×10^3	5.33×10^3	6.67×10^3	8.00×10^3	1.33×10^4	2.00×10^4	2.67×10^4
沸点/℃	102	110	115.5	120	134	146	155

五、思考题

1. 水和潮气对本实验有何影响？在仪器装置和操作中应注意哪些事项？为什么要

迅速称取无水三氯化铝?

2. 反应完成后为什么要加入浓盐酸和冰水的混合液?

3. 在烷基化和酰基化反应中，三氯化铝的用量有何不同？为什么?

4. 下列试剂在无水三氯化铝存在下，应得到什么产物?

①过量苯+1,2-二氯乙烷　　②氯苯和丙酸酐

③甲苯和邻苯二甲酸酐　　④溴苯和乙酸酐

5. 如何由傅－克(Friedel-Crafts)反应制备下列化合物?

①二苯甲烷　②苄基苯基酮　③对硝基二苯酮

实验17　己二酸的合成

一、实验目的

1. 学习用氧化法由环己醇合成己二酸的原理和方法。

2. 熟悉电动搅拌、浓缩、抽滤等操作技术。

二、实验原理

羧酸常用烯烃、醇、醛等经硝酸、重铬酸钾的硫酸溶液或高锰酸钾等氧化来制备。本实验以环己醇为原料，用高锰酸钾氧化制备己二酸。反应式为：

$$\text{Cyclohexanol (C}_6\text{H}_{11}\text{OH)} \xrightarrow{KMnO_4} HOOC(CH_2)_4COOH + MnO_2$$

三、实验用品

仪器：烧瓶(250mL)、电动搅拌器、温度计(100℃)、抽滤装置、蒸发皿。

试剂：环己醇、高锰酸钾、10%氢氧化钠溶液、浓盐酸、亚硫酸钠。

四、实验内容

在250mL烧瓶中电磁搅拌。烧瓶中加入5mL 10%氢氧化钠溶液和50mL水，搅拌下加入6g高锰酸钾。待高锰酸钾溶解后，用滴管慢慢滴加3mL环己醇(沸点161.1℃，熔点25.1℃，相对密度0.962 4)[1]，滴加环己醇过程中维持反应温度在50～60℃。当醇加完后，反应体系温度自然降至40℃左右时，再在沸水浴中加热混合物10～15min[2]，使反应完全并使二氧化锰沉淀凝结。

检验高锰酸钾是否作用完全[3]。反应完全后趁热减压过滤，滤液加8mL浓盐酸酸化，然后小心加热，将滤出液浓缩至20mL左右，在冰水浴中冷却至结晶完全。抽滤，

用3mL水洗涤结晶，将产品移入表面皿中，于100℃烘箱中干燥或晾干，称重，计算产率。

纯己二酸是熔点为153℃的白色棱状晶体。

注释：

[1]此反应为强烈放热反应，必须等先加入的环己醇全部作用后，才能再滴加，以免反应过于激烈而引起爆炸。若滴加过快，反应过猛，会使反应物冲出反应器，若反应过于缓慢，未作用的环己醇将积蓄起来，一旦反应变得剧烈，则部分环己醇迅速被氧化也会引起爆炸。故做本实验时，必须特别注意控制环己醇的滴加速度和保持反应物处于强烈沸腾状态，尤其在反应开始阶段，滴加速度更应慢一些。

[2]在沸水浴中加热并同时搅拌可使反应进行得更完全，但这一步必须在反应体系温度下降后方可进行。

[3]取反应液一滴滴在滤纸上看是否有紫色，如还有紫色，可加少量固体亚硫酸钠以除去过量的高锰酸钾。

五、思考题

1. 为什么必须控制反应的温度？
2. 在有机合成中为何使用搅拌器？

实验18　乙酰乙酸乙酯的合成

一、实验目的

1. 学习乙酰乙酸乙酯的合成原理和方法。
2. 进一步掌握减压蒸馏的操作。

二、实验原理

在醇钠的催化作用下，两分子具有α-氢的酯缩合产生β-酮酸酯。此反应为Claisen酯缩合。反应式为：

$$2CH_3COOC_2H_5 \xrightarrow{NaOC_2H_5} CH_3COCH_2COOC_2H_5 + C_2H_5OH$$

通常以酯和金属钠为原料，并以过量的酯为溶剂，利用酯中含有微量的醇与金属钠反应来生成醇钠，随着反应的进行不断产生醇，反应就能连续地进行下去，直到金属钠耗尽。

三、实验用品

仪器：圆底烧瓶(100mL)、回流冷凝管、减压蒸馏装置、克氏蒸馏瓶(30mL)、干燥管。

试剂：乙酸乙酯、钠、无水硫酸钠、50%乙酸、饱和氯化钠。

四、实验内容

在100mL圆底烧瓶中放入18mL(0.19mol)精制过的乙酸乙酯[1]和1.7g新切成薄片的金属钠[2]，迅速装上一个带氯化钙干燥管的回流冷凝管，反应立即开始，反应液处于微沸状态。若反应过于剧烈则用冷水稍微冷却；若反应没有立即开始，可加热引发反应，反应一旦开始应立即移去热源。

剧烈反应阶段后，利用热水浴使反应体系一直处于微沸状态。反应后期可改用小火隔石棉网加热，直到金属钠全部反应完。反应结束时整个体系为棕红色的透明溶液，但有时也可能析出黄色固体(乙酰乙酸乙酯钠盐)。待反应物稍冷后，将圆底烧瓶取下，然后一边摇动一边不断地加入50%乙酸溶液，直到整个反应液呈酸性为止[3]。

将反应液移入分液漏斗中，加入等体积饱和食盐水，用力振荡后，放置分层，分出的酯层用无水硫酸钠干燥，将干燥过的酯层移入蒸馏瓶中。先在热水浴上蒸去未作用的乙酸乙酯，当馏出液的温度升至95℃时停止蒸馏。

将瓶内剩余液体转入30mL克氏蒸馏瓶中进行减压蒸馏[4]。减压蒸馏时加热需缓慢，待残留的低沸物蒸出后，再升高温度，收集乙酰乙酸乙酯。乙酰乙酸乙酯沸点与压力的关系见表5-3所列。

表5-3 乙酰乙酸乙酯沸点与压力的关系

压力/Pa	1.01×10^5	1.07×10^4	8.00×10^3	5.33×10^3	4.00×10^3	2.67×10^3	2.40×10^3	1.87×10^3	1.60×10^3
沸点/℃	181	100	97	92	88	82	78	74	71

注释：

[1]乙酸乙酯必须绝对干燥，但其中应含有1%～2%乙醇。其提纯方法为：将普通乙酸乙酯用饱和氯化钙溶液洗涤数次，再用焙烧过的无水碳酸钾干燥，在水浴上蒸馏，收集70～78℃的馏分。

[2]金属钠遇水即燃烧、爆炸，故使用时应严格防止与水接触。在称量或切片过程中应当迅速，以免被空气中水气浸蚀或被氧化。

[3]乙酰乙酸乙酯中亚甲基上的氢活性很强，其酸性比醇大，当有醇钠时乙酰乙酸乙酯将转化为钠盐，此为反应结束时产品的存在形式。当用50%乙酸酸化时，则使其转化为乙酰乙酸乙酯。若中和过程中有固体析出，则随着乙酸的加入并不断振摇，固体会逐渐消失，最后得到澄清的液体。如尚有少量固体未溶解时，可加少量水使其溶解。应避免加入过量的乙酸，否则会增加酯在水中的溶解度而降低产量。

[4]乙酰乙酸乙酯在常压下蒸馏时易分解，故应采用减压蒸馏的方法。

五、思考题

1. 反应完成，若残存极少量的钠是否妨碍进一步操作？
2. 产率是如何计算的？
3. 本实验中加入50%乙酸和饱和氯化钠溶液有何作用？

实验19　邻硝基苯酚和对硝基苯酚的合成与分离

一、实验目的

1. 了解邻位和对位硝基苯酚的合成方法。
2. 学习用水蒸气蒸馏方法分离有机化合物。
3. 进一步掌握有机化合物的重结晶操作。

二、实验原理

苯酚极易硝化，用稀硝酸直接在室温下即可硝化，得到邻位和对位硝基苯酚的混合物。由于硝酸易使苯酚氧化而降低了产物的产率，所以本实验采用硝酸钠与硫酸的混合物代替稀硝酸，以减少苯酚的氧化而提高产率。反应式为：

$$\text{OH} + NaNO_3 + H_2SO_4 \longrightarrow \text{OH}\ NO_2 + \text{OH}\ NO_2$$

生成的邻硝基苯酚由于能形成分子内氢键，因此沸点低于对硝基苯酚，同时在沸水中的溶解度也较对位的小得多，易随水蒸气蒸出，因此可用水蒸气蒸馏将这两个异构体分开。

三、实验用品

仪器：长颈圆底烧瓶(500mL)、圆底烧瓶(50mL)、温度计(100℃)、水蒸气蒸馏装置、小烧杯、抽滤装置。

试剂：苯酚、硝酸钠、浓硫酸、乙醇、活性炭、2%稀盐酸、石蕊试纸。

四、实验内容

在500mL长颈圆底烧瓶中加入60mL水，慢慢加入21mL浓硫酸(0.34mol)及23g硝酸钠(0.27mol)。将烧瓶置于冷水中冷却。在小烧杯中称取14.1g苯酚[1](0.15mol)，并加入4mL水，温热搅拌至溶[2]。在振摇下用滴管向圆底烧瓶中逐滴滴加苯酚溶液，保持反应温度在15～20℃。滴加完毕后放置30min并时常加以振荡，使反应完全，此时得到黑色焦油状物质。用冷水冷却并向烧瓶中加入80mL水轻轻摇动烧瓶使黑色油状物质沉于瓶底，小心倾去上层酸层。油层再用水以倾泻法洗涤3次，每次用水80mL以除去残余的酸液[3]，直至水溶液对石蕊试纸呈中性。

安装水蒸气蒸馏装置(见图3-11)，进行水蒸气蒸馏，直至冷凝管无黄色油珠为止[4]。馏液冷却后粗邻硝基苯酚迅速凝成黄色固体[5]，抽滤收集产品，在100℃烘箱中干燥后称重，计算产率。

邻硝基苯酚为熔点45℃亮黄色针状晶体。

在水蒸气蒸馏的残液中，加10mL浓盐酸和1g活性炭，加热煮沸10min，趁热过滤。滤液再用活性炭脱色一次，脱色后的溶液装入烧杯中，浸入冰水浴，粗对硝基苯酚立即析出。抽滤，收集产品，干燥后再用2%稀盐酸重结晶，经抽滤干燥得产品，称重并计算产率。

对硝基苯酚为熔点114℃的无色棱柱状结晶。

注释：

[1]苯酚室温为固体(熔点41℃)，可以用温水浴温热熔化，加水可降低苯酚的熔点使其呈液态有利于反应。苯酚对皮肤有腐蚀性，如沾到皮肤上立即用肥皂水冲洗，然后用乙醇擦洗。

[2]苯酚与酸不互溶，故需不断振荡使其充分接触达到完全反应，同时也可防止局部过热。反应温度超过20℃时，硝基苯酚可继续硝化或被氧化，造成产率下降。若温度过低，则对硝基苯酚所占比例升高。

[3]若有残余酸液存在时，会在水蒸气蒸馏时，因温度升高而使硝基苯酚进一步硝化或氧化。

[4]水蒸气蒸馏时，往往由于邻硝基苯酚晶体析出而堵塞冷凝管，此时必须调小冷凝水，让热的蒸气通过使其熔化而达到畅通。

[5]邻硝基苯酚重结晶：将粗产品溶于热的乙醇(40～50℃)中，过滤后滴入温水至出现混浊，然后在温水浴(40～50℃)下滴入少量乙醇至清，冷却后即析出亮黄色针状邻硝基苯酚。

五、思考题

1. 本实验有哪些副反应？如何减少这些副反应的发生？
2. 水蒸气蒸馏的原理是什么？被提纯物质应具备什么条件才能采用此法来纯化？

实验20　对甲苯磺酸钠的合成

一、实验目的

1. 掌握芳烃的磺化反应原理和实验方法。
2. 学习芳烃的磺化反应的实验操作。

二、实验原理

本实验用甲苯和浓硫酸为原料进行磺化反应，得到对甲苯磺酸；此外，还有副产物邻甲苯磺酸、间甲苯磺酸和甲苯二磺酸。反应式如下：

主反应：

$$C_6H_5CH_3 + HOSO_3H \rightleftharpoons p\text{-}CH_3C_6H_4SO_3H + H_2O$$

$$p\text{-}CH_3C_6H_4SO_3H + NaCl \rightleftharpoons p\text{-}CH_3C_6H_4SO_3Na + HCl$$

副反应：

$$2C_6H_5CH_3 + 2HOSO_3H \longrightarrow o\text{-}CH_3C_6H_4SO_3H + m\text{-}CH_3C_6H_4SO_3H + 2H_2O$$

$$C_6H_5CH_3 + 2HOSO_3H \longrightarrow CH_3C_6H_3(SO_3H)_2\ (2,4\text{-}) + 2H_2O$$

三、实验用品

仪器：圆底烧瓶(250mL)、回流冷凝管、烧杯(250mL)、减压过滤装置。

试剂：甲苯、浓硫酸、碳酸氢钠、氯化钠、活性炭、饱和食盐水。

四、实验内容

在装有回流冷凝管的250mL圆底烧瓶中，放入32mL甲苯和21mL浓硫酸，投入沸石。在石棉网上把反应物加热至沸腾，调节火焰，使反应物保持微沸状态。每隔2～3min，彻底地摇动烧瓶一次[1]。经过1h后，甲苯层几乎近于消失，从冷凝管中也仅有较少的冷凝液滴下，这时可以停止加热。

将反应物趁热倒入一个盛有100mL水的烧杯中，再用10mL热水把烧瓶清洗一次。向溶液中分批加入15g粉状碳酸氢钠，以中和部分酸液。然后加入30g精盐或研细的食盐，加热至沸，使食盐完全溶解；如果有不溶的固体杂质，将溶液热过滤。用冰水浴使滤液冷却，对析出的对甲苯磺酸钠进行减压过滤，挤压去水分。

若获取更纯的对甲苯磺酸钠，可进行重结晶[2]。把粗产物溶于100mL水中，加热使它全部溶解。然后加入25g精盐或研细的食盐，加热至沸腾，搅拌使食盐完全溶解。加入1g活性炭脱色(注意不能在溶液沸腾时加入)。趁热过滤。冷却后，对甲苯磺酸钠成晶体析出。减压过滤，尽量挤压去水分。把产物放在烘箱内于110℃干燥，得无水对甲苯磺酸钠17～23g。

注释:

[1]甲苯和硫酸互不相溶。为使反应顺利进行，必须充分摇动烧瓶，使两者更好地接触，这是提高产量的一个关键性问题。

[2]通过重结晶，可除去溶解度更大的甲苯二磺酸钠盐。

五、思考题

1. 在甲苯的磺化过程中，为什么要常常摇动烧瓶?
2. 在本实验中，食盐起什么作用? 加入过多或过少，对实验结果有什么影响?

第6章　天然产物的提取和分离

实验21　从茶叶中提取咖啡因

一、实验目的

1. 了解从茶叶中提取咖啡因的原理和方法。
2. 学习索氏提取器抽提的原理和方法。
3. 熟悉固液萃取、蒸馏、升华等基本操作。

二、实验原理

茶叶中含有多种生物碱，其中咖啡因在茶叶中占到1%～5%，此外还含有鞣酸、纤维素、色素、蛋白质等物质。

咖啡因是弱碱性物质，味苦，可溶于水(2%)、乙醇(2%)、氯仿(12.5%)，易溶于热水。含结晶水的咖啡因为绢丝光泽的无色针状晶体，在100℃失去结晶水开始升华，120℃时显著升华，178℃时迅速升华，可利用该性质通过升华法纯化咖啡因。无水咖啡因的熔点是238℃。咖啡因的化学名称是1,3,7-三甲基-2,6-二氧嘌呤，其结构式如下：

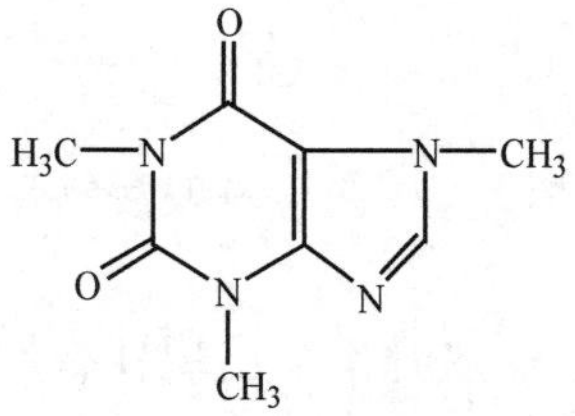

咖啡因具有兴奋神经中枢、消除疲劳、利尿、强心等作用，是复方阿司匹林等药物的主要组分之一。本实验利用乙醇溶剂在索氏提取器中连续抽提从茶叶中提取咖啡因，然后蒸馏浓缩除去溶剂，再通过升华除去其他生物碱和杂质得到咖啡因纯品。

三、实验用品

仪器：索氏提取器、圆底烧瓶、水浴锅、蒸发皿、漏斗、直形冷凝管、接液管、表面皿、烧杯、温度计、锥形瓶、酒精灯、石棉网。

试剂：95%乙醇、生石灰粉。

材料：茶叶、滤纸筒、滤纸、沸石、脱脂棉。

四、实验内容

1. 粗咖啡因的提取

称取10g茶叶末[1]，用滤纸包成圆柱形纸包，放入索氏提取器中，装好提取装置(见图3-14)。在250mL圆底烧瓶中加入120mL 95%乙醇和几粒沸石，水浴加热，连续抽提2~3h[2]，待冷凝液刚刚虹吸下去立即停止加热。稍冷后改为蒸馏装置(见图3-7)，加热回收大部分乙醇[3]。将残夜倒入蒸发皿中，加入3g生石灰粉[4]，搅拌成糊状，在蒸汽浴上蒸干，然后转移至石棉网上用酒精灯小火加热，焙烧片刻，除去水分，呈沙土状。冷却后擦去粘在边上的粉末，以免升华时污染产物。

2. 咖啡因的升华和纯化

将一张刺有许多小孔且孔刺向上的滤纸盖在蒸发皿上，将一大小合适的玻璃漏斗罩于其上，漏斗颈部塞一小团疏松的脱脂棉。在石棉网上用酒精灯或砂浴小心加热升华[5]，当滤纸上出现许多白色针状结晶时，停止加热，让其自然冷却至100℃左右。小心取下漏斗，揭开滤纸，将滤纸、漏斗和器皿上的咖啡因刮下。残渣经拌和后，再用大火加热升华一次。合并2次升华所收集的咖啡因，称量并测其熔点。

注释：

[1]为了提高提取效率，可以把茶叶磨成粉末。

[2]提取液颜色很淡时，即可停止抽提。

[3]瓶中乙醇不能蒸得太干，因残夜很黏，转移时损失较大。加热温度不能太高，尤其是蒸馏后期，否则易碳化。

[4]生石灰起中和和吸水的作用，用以除去部分鞣酸等酸性杂质。

[5]升华过程中须严格控制加热温度，温度太高会使滤纸碳化变黑，并把一些有色物质烘出来，使产品不纯。进行再升华时，加热温度也应严格控制。

五、思考题

1. 索氏提取器的萃取原理是什么？它与一般浸泡萃取相比，有哪些优点？
2. 升华操作的原理是什么？
3. 升华前，若水分不除掉，加热升华会出现什么情况？

实验22 菠菜色素的提取和分离

菠菜色素的提取和分离

一、实验目的

1. 学会植物色素的提取和分离方法。
2. 掌握薄层色谱分离的基本原理和操作技术。

二、实验原理

菠菜叶中含有叶绿素、叶黄素、胡萝卜素等天然色素。

叶绿素存在两种结构相似的形式，即叶绿素 a 和叶绿素 b，通常叶绿素 a 的含量是叶绿素 b 的 3 倍。它们都是吡咯衍生物与金属镁的配位化合物，是植物进行光合作用必需的催化剂。叶绿素 a 为蓝黑色固体，在乙醇溶液中呈蓝绿色；叶绿素 b 为暗绿色，其在乙醇溶液中呈黄绿色；尽管叶绿素分子中含有一些极性基团，但大的烃基结构使其易溶于石油醚等非极性溶剂。

胡萝卜素是一种橙色天然色素，具有长链的共轭多烯结构，为四萜类化合物，有 α、β、γ 3 种异构体，其中 β-胡萝卜素含量最多，也最为重要。

叶黄素是胡萝卜素的羟基衍生物，为黄色色素，其含量通常是胡萝卜素的 2 倍，易溶于醇，在石油醚中溶解度较小，在秋天高等植物的叶绿素被破坏后，叶黄素的颜色就显现出来了。

菠菜叶色素能溶于有机溶剂乙醇或石油醚中，可通过有机溶剂提取。本实验用薄层色谱法(见第 3 章四、色谱分离技术)、分离菠菜叶色素，不同色素在层析液中溶解度不同，溶解度高的色素随层析液在薄板上扩散得快，溶解度低的色素在薄板上扩散得慢，这样不同色素就在扩散过程中分离开来。

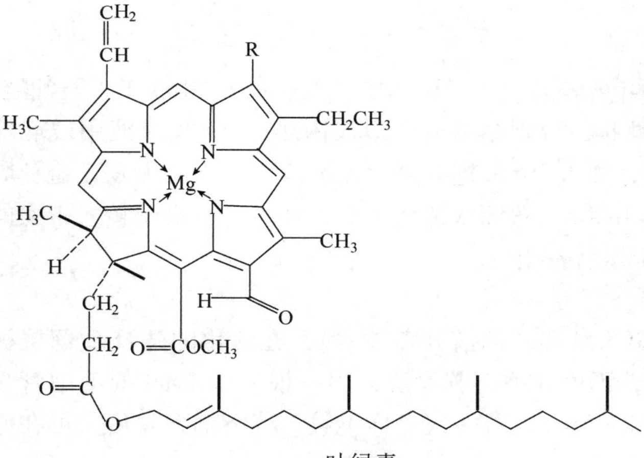

叶绿素 a：$R=CH_3$ 绿色

叶绿素 b：$R=CHO$ 黄绿色

叶绿素

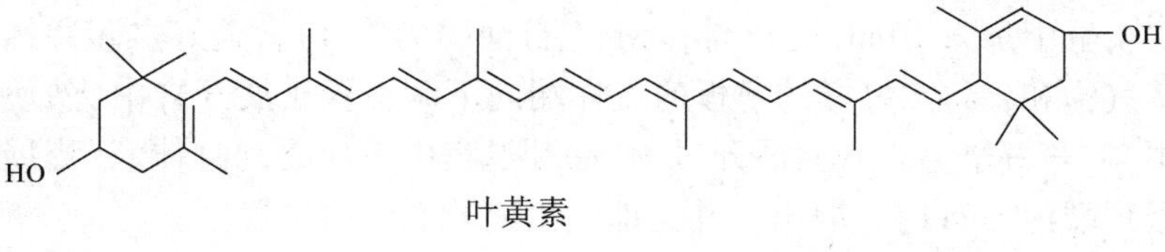

叶黄素

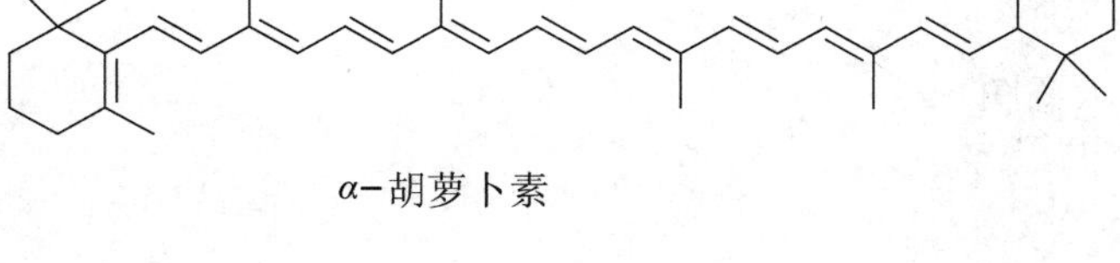

α-胡萝卜素

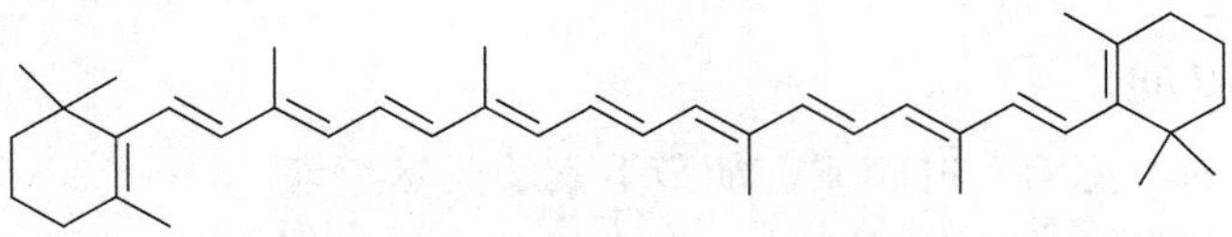

β-胡萝卜素

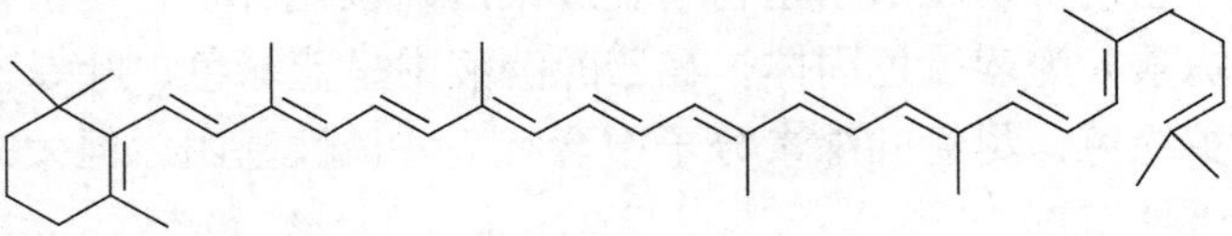

γ-胡萝卜素

三、实验用品

仪器：层析缸(高12cm、内径5.5cm)、分液漏斗、研钵、玻璃板、锥形瓶、量筒、点样毛细管。

试剂：硅胶G、石油醚(60～90℃)、丙酮、95%乙醇、无水硫酸钠、饱和氯化钠溶液。

材料：新鲜菠菜。

四、实验内容

1. 菠菜叶色素的提取

将两片干净新鲜的菠菜叶剪碎后，放于研钵中，然后加入20mL 1∶1石油醚-乙醇混合液后一起研磨(不能研成糊状，否则会给分离造成困难)。将浸取液用玻璃棉或脱脂棉过滤，滤液转入分液漏斗，加入20mL饱和氯化钠溶液[1]，小心振荡，避免乳化，静置分层，弃去下层水层，再用20mL蒸馏水洗涤2次，将绿色有机层转入干燥的小锥形瓶中，加入2g无水硫酸钠干燥后备用。

2. 薄层色谱分离

制备和活化薄层板(见第3章四、色谱分离技术)，在活化的硅胶G薄层板一端约1.5cm处，用铅笔轻轻划线，不可划破硅胶涂层，用一根内径1mm的毛细管吸取浸取液在直线上点样，斑点直径2～3mm，若一次点样不够，待溶剂挥发后，可在原处重复点样[2]。

在干燥的层析缸中加入10mL展开剂(丙酮∶石油醚为1∶4)，盖好缸盖并摇动，使缸内被展开剂蒸气饱和，将点好样的薄板的点样端向下倾斜置于展开缸中(勿使样品斑点浸入展开剂中)，盖好缸盖，观察展开过程(展开过程中不要晃动缸体)，当展开剂前沿上行到距薄板顶端约1cm时，取出，并立即标出展开剂前沿位置。

记录展开后薄板上各色素斑点的颜色，测量各斑点色素所走距离，计算各色素的R_f值。

展开后的薄层板示意图：

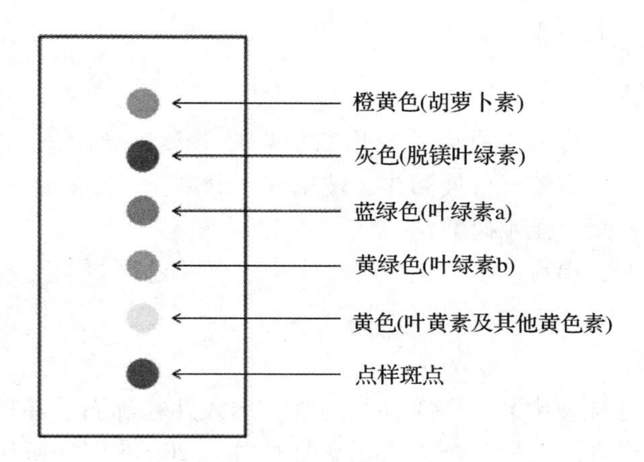

注释：

[1]加入饱和食盐水的作用是除去水溶性杂质，并可防止水与有机溶剂形成乳浊液。

[2]点样量对样品的分离效果影响很大，样品量太少时，斑点不清楚，难以观察，而样品量太多时，往往出现斑点太大或拖尾现象，甚至不易分开。

五、思考题

1. 用薄层层析分离混合物时，影响其分离效果的主要因素有哪些？
2. 同一操作条件下，R_f值相同的两个斑点，能否认为是同一物质？
3. 比较叶绿素、叶黄素和胡萝卜素的极性。为什么胡萝卜素在薄层层析中移动最快？

实验23　从花椒籽中提取花椒油

一、实验目的

1. 学习从花椒籽中提取花椒油的原理和方法。
2. 学习并掌握水蒸气蒸馏法分离有机化合物的基本原理和操作技术。

二、实验原理

花椒油是一种香精油，主要存在于植物的籽与花中，常用的调味品花椒籽含有较多的花椒油。花椒油为黄色液体，具有花椒特殊辛香气味，主要成分为花椒烯、水芹烯、香叶醇、香茅醇、乙醇香叶酯等。相对密度为 d_4^{15}：0.866 ~ 0.867，折射率 n_D^{20}：1.467 ~ 1.469，比旋光度$[\alpha]_D^{20}$：7° ~ −13°，溶于乙醇、乙醚等有机溶剂。

花椒油是水蒸气挥发性的，本实验利用水蒸气蒸馏法(见第3章二、液体化合物的分离与提纯)从花椒中分离花椒油，再用乙醚萃取馏出液中的花椒油，经蒸馏回收乙醚得到花椒油。

三、实验用品

仪器：圆底烧瓶、直形冷凝管、锥形瓶、烧杯、蒸气导出管、蒸气导入管、T形管、螺旋夹、馏出液导出管、分液漏斗、玻璃管、电热套、接液管。

试剂：食盐、乙醚、无水硫酸钠。

材料：花椒籽粉、沸石。

四、实验内容

在1 000mL圆底烧瓶中装入2/3容积的水，加入几粒沸石，在瓶口依次安装瓶塞、安全管、水蒸气导出管。在另一个250mL烧瓶中加入20g花椒籽粉和50mL水，安装好水蒸气蒸馏装置[1](见图3-11)。

用电热套加热1 000mL烧瓶，当有大量蒸汽产生时关闭螺旋夹，使蒸汽通入250mL烧瓶中进行提取，同时冷凝管中通入冷水，冷凝馏出液蒸汽[1]。当收集约200mL馏出液(或馏出液基本澄清时)，先打开螺旋夹，再停止加热，关闭冷凝水，终止水蒸气蒸馏。

在上述馏出液中加入30～50g食盐使之饱和，将馏出液移至分液漏斗中，每次用15mL乙醚萃取，萃取2次，弃去水相，合并醚层，用少量无水硫酸钠干燥。将干燥后的醚层慢慢倾入干燥的50mL烧瓶中，勿带入干燥剂。安装蒸馏装置(见图3-7)，在水浴上蒸出大部分乙醚，将剩余液体转移至事先称重的试管中，在水浴中小心加热该试管[2]，浓缩至除净溶剂为止。擦干试管外壁，称重，计算花椒油的收率。

注释：

[1]安全玻璃管应插到接近水蒸气发生器底部，这样当容器内气压太大时，水可沿玻璃管上升，调节内压。如系统发生阻塞，水便会从上口喷出。且蒸气导入管插入接近蒸馏瓶底，便于水蒸气和蒸馏物质充分接触，并起搅拌作用。

[2]所得花椒油量很少，操作时要仔细。

五、思考题

1. 用水蒸气蒸馏来提取、分离的物质应具备哪些条件?
2. 在上述实验中，为什么在馏出液中加入食盐使之饱和?

实验24 从烟草中提取烟碱

一、实验目的

1. 进一步学习水蒸气蒸馏法分离提纯有机物的基本原理和操作技术。
2. 了解生物碱的提取方法和一般性质。

二、实验原理

烟碱又名尼古丁，是烟叶的一种主要生物碱，其结构式为：

烟碱是含氮的碱性物质，很容易与盐酸反应生成烟碱盐酸盐而溶于水。在提取液中加入强碱 NaOH 后可使烟碱游离出来。游离烟碱在100℃左右具有一定的蒸气压(约1 333Pa)，因此，可用水蒸气蒸馏法分离提取。

烟碱为无色油状液体(沸点246℃)，能溶于水和许多有机溶剂，具有碱性，可以使红色石蕊试纸变蓝，也可以使酚酞试剂变红。可被高锰酸钾溶液氧化生成烟酸，与生物碱试剂作用产生沉淀。

烟碱在商业上用作杀虫剂和兽医药剂中寄生虫的驱除剂，对人类毒害很大，“吸烟有害健康”应引起人们的充分重视!

三、实验用品

仪器：水蒸气发生器、长颈圆底烧瓶、直形冷凝管、球形冷凝管、锥形瓶、烧杯、蒸气导出管、蒸气导入管、T 形管、螺旋夹、馏出液导出管、玻璃管、电热套、接液管。

试剂：10% HCl、40% NaOH、0.5%乙酸、0.5% $KMnO_4$、5% Na_2CO_3、0.1%酚酞、饱和苦味酸、碘化汞钾。

材料：烟叶、红色石蕊试纸。

四、实验内容

1. 烟碱的提取

称取烟叶[1]5g于100mL圆底烧瓶中，加入10% HCl溶液50mL，装上球形冷凝管沸腾回流20min。待瓶中反应混合物冷却后倒入烧杯中，在不断搅拌下慢慢滴加40% NaOH溶液至呈明显的碱性(用红色石蕊试纸检验)。然后将混合物转入250mL长颈圆底烧瓶中，安装好水蒸气蒸馏装置(见图3-11)，进行水蒸气蒸馏，收集约20mL提取液后，停止烟碱的提取。

2. 烟碱[2]的性质

(1)碱性试验。取一支试管，加入10滴烟碱提取液，再加入1滴0.1%酚酞试剂，振荡，观察有何现象。

(2)烟碱的氧化反应。取一支试管，加入20滴烟碱提取液，再加入1滴0.5% $KMnO_4$溶液和3滴5% Na_2CO_3溶液，摇动试管，微热，观察溶液颜色是否变化，有无沉淀产生。

(3)与生物碱试剂反应。取一支试管，加入10滴烟碱提取液，然后逐滴滴加饱和苦味酸，边加边摇，观察有无黄色沉淀生成；另取一支试管，加入10滴烟碱提取液和5滴0.5% 乙酸溶液，再加入5滴碘化汞钾试剂，观察有无沉淀生成。

注释：

[1]由于大多数烟厂都试图降低烟草中的尼古丁，因此雪茄烟丝或市售的干燥烟叶是更理想的提取烟碱的原料。

[2]烟碱剧毒，致死量为60mg，操作时务必小心。

五、思考题

1. 为何要用盐酸溶液提取烟碱?
2. 水蒸气蒸馏提取烟碱时，为何要40% NaOH溶液中和至呈明显的碱性?
3. 与普通蒸馏相比，水蒸气蒸馏有何特点?

实验25 从红辣椒中提取红色素

一、实验目的

1. 学习从红辣椒中提取红色素的原理和方法。
2. 学习柱色谱的原理和实验操作。
3. 进一步熟悉薄层色谱的分离方法。

二、实验原理

红辣椒中含有多种色泽鲜艳的天然色素。其中，深红色的色素主要是由辣椒红脂肪酸酯和少量辣椒玉红素脂肪酸酯所组成，黄色色素为β-胡萝卜素。

上述色素可通过层析法加以分离，本实验以二氯甲烷作为萃取剂，从红辣椒中提取辣椒红色素，通过薄层层析分析，确定各组分的R_f值，再经柱色谱法(见第3章四、色谱分离技术)分离色素混合物，分段接收并蒸除溶剂，可得具有相当纯度的红色素。

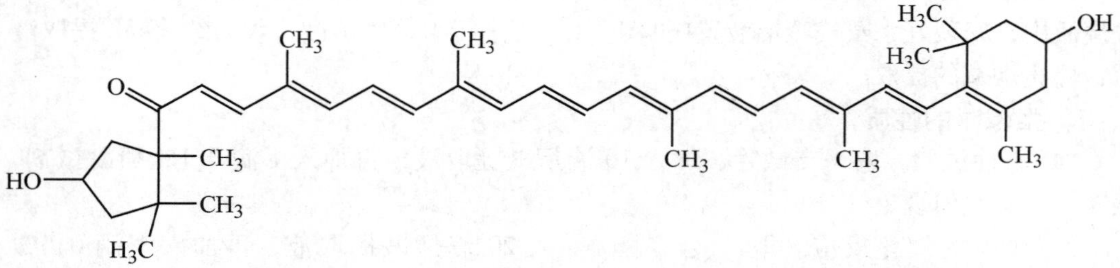

辣椒红

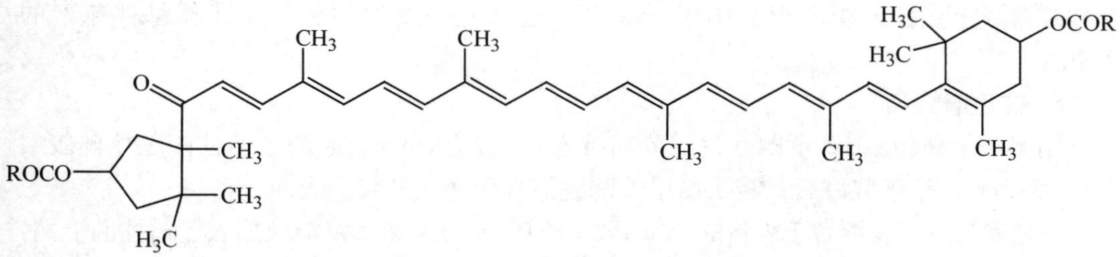

辣椒红的脂肪酸酯（R=3 个或更多碳的链）

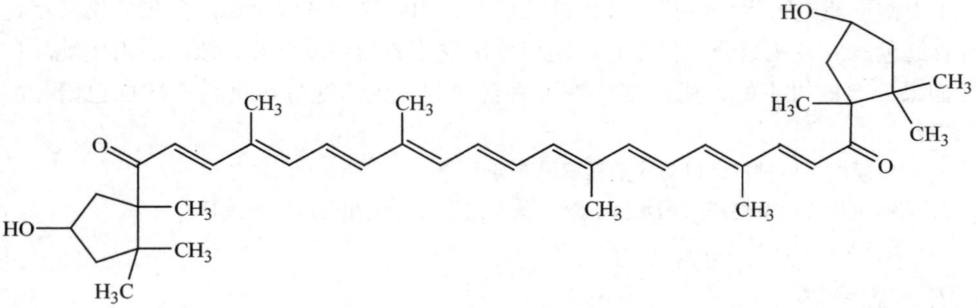

辣椒玉红素

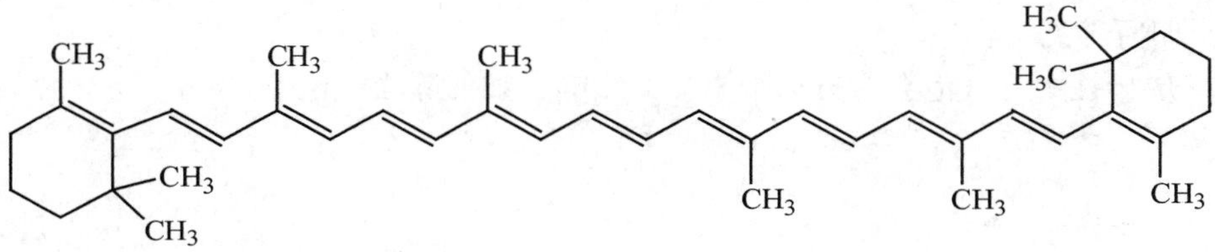

β-胡萝卜素

三、实验用品

仪器：色谱柱、分液漏斗、锥形瓶、圆底烧瓶、球形冷凝管、吸滤瓶、布氏漏斗、层析缸。

试剂：二氯甲烷、羧甲基纤维素钠、薄层色谱硅胶（GF_{254}）、柱色谱硅胶（200～300目）。

材料：红辣椒、沸石。

四、实验内容

1. 色素的萃取和浓缩

在 25mL 圆底烧瓶中放入 1g 干燥并研细的红辣椒粉末和几粒沸石，加入 10mL 二氯甲烷，回流 20min[1]。回流结束后，冷至室温并抽滤除去不溶物，所得滤液经蒸馏浓缩回收二氯甲烷[2]，得到色素混合物的黏稠液。

2. 色素混合物的薄层层析

以二氯甲烷作展开剂，取极少量色素粗品置于小试管中，滴入二氯甲烷使之溶解，在硅胶薄板上点样，在层析缸中层析展开，记录每一点的颜色，并计算每种色素的R_f值。

3. 柱色谱分离

用湿法装柱(见第3章四、色谱分离技术)，在20cm×1cm的色谱柱中装填硅胶G至柱高15cm，柱子装好后，将二氯甲烷洗脱剂液面降至硅胶上表面。

将色素的混合物溶解于少量的二氯甲烷(约0.5mL)，然后将溶液加入色谱柱的上端，用二氯甲烷淋洗，柱上逐渐分离出黄、红、深红3条环状色带，以每2mL为一个单元，分段用小锥形瓶进行组分收集。红色带洗出后，用丙酮淋洗收集深红色带。用薄层色谱鉴定含有红色素的各瓶组分，将含有相同组分接收瓶内的溶液合并，浓缩后得到纯品。

如果分离效果不好，用同样步骤可将合并的红色素组分再进行一次柱色谱分离。

注释:

[1]回流速度不可过快，以防浸泡提取不充分。

[2]蒸馏回收二氯甲烷应采用水浴加热，蒸发浓缩过程应在通风橱中进行。

五、思考题

1. 层析过程有时会出现拖尾现象，一般是由什么原因造成的？这对层析结果有何影响？如何避免？

2. 层析柱中有气泡会对分离带来什么影响？如何除去气泡？

实验26 黄连中黄连素的提取

一、实验目的

1. 学习从中草药中提取生物碱的原理和方法。
2. 学习减压蒸馏的操作技术。
3. 进一步掌握索氏提取器的操作技术。

二、实验原理

黄连素是中药黄连的有效成分，抗菌能力很强，对急性菌痢、急性肠炎、百日咳、猩红热等急性化脓性感染都有很好的疗效。黄连中黄连素含量为4%～10%。

黄连素属于生物碱，为黄色针状体，微溶于水和乙醇，较易溶于热水和热乙醇，几乎不溶于乙醚。黄连素存在3种互变异构体，在自然界多以季铵碱的形式存在。黄连素的盐酸盐、氢碘酸盐、硝酸盐、硫酸盐均难溶于冷水，易溶于热水，故可用水对其重结晶纯化。

黄连素季铵碱式:

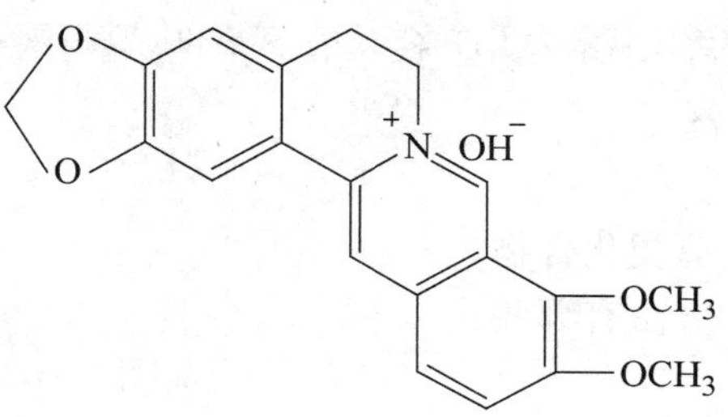

提取黄连素，往往用适当的溶剂(如乙醇、水、硫酸等)利用回流提取法或索氏提取器提取，然后浓缩，再加酸进行酸化，得到相应的盐。粗产品可以采用重结晶的方法进行进一步的提纯。本实验采用索氏提取器提取黄连素，提取效率更高。

三、实验用品

仪器：索氏提取器、圆底烧瓶、克氏蒸馏头、冷凝管、真空接引管、锥形瓶、烧杯、抽滤装置。

试剂：黄连、95%乙醇、1%乙酸、浓盐酸、蒸馏水。

四、实验内容

1. 黄连素的提取

称取10g中药黄连磨细，装入索氏提取器滤纸套筒内，烧瓶内加入100mL 95%乙醇，加热萃取2～3h，至回流液体颜色很淡为止。

2. 减压蒸馏

在水泵减压下[1]，安装减压蒸馏装置(见图3-9)，回收大部分乙醇，至瓶内液体呈棕红色糖浆状，停止蒸馏。

3. 黄连素盐酸盐的制备

浓缩液中加入30mL 1%乙酸[2]，加热溶解，趁热抽滤去掉固体不溶物，在滤液中滴加浓盐酸，至溶液浑浊为止(约需10mL)。用冰水冷却上述溶液，降至室温下即有黄色针状的黄连素盐酸盐析出，抽滤，所得结晶用冰水洗涤2次，可得黄连素盐酸盐的粗产品。

4. 重结晶

将粗产品放入100mL烧杯中，加水约30mL，加热至沸腾，搅拌几分钟，趁热过滤，滤液用盐酸调节pH值为2～3，室温下放置几小时，有较多橙黄色结晶析出后抽滤，滤渣用少量冰水洗涤2次，丙酮洗涤1次，结晶在50～60℃烘干，称量，熔点145℃。

注释：

[1] 减压操作要用水泵不能用油泵减压，油泵抽力过猛，不易控制且容易将溶液抽出，而水泵比较缓和，容易控制，防止因抽力过大而造成溶液抽出，也防止因装置中压力过低而致使产物和乙醇一起蒸出。

[2]黄连素是一种生物碱，在水中的溶解度不是很大(因为是有机物)。但当加入1%乙酸以后，

生物碱就转化成有机盐类，溶解度就增大了许多，便于富集和提高提取率。

五、思考题

1. 黄连素为哪种生物碱类化合物?
2. 检验黄连素晶体的方法有哪些?

第7章　综合性实验

综合性实验是把有机物的制备(含天然产物的提取)、分离、提纯、鉴定和结构表征等内容结合在一起的实验。它包括制备与分离的综合，分离技术的综合，分离与鉴定的综合，制备与鉴定的综合，制备与结构表征的综合，制备与反应控制的综合，重要反应的综合(多步合成)以及新的合成技术的应用等。综合性实验是在完成一定量的基本实验后，由学生独立完成的。

通过综合性实验，有助于学生对有机化学实验的内容、操作技术的全面了解和掌握，有助于对化学反应研究过程的全面认识，有助于基本操作技能综合训练。

实验27　混合物的分离、提纯和鉴定

有机化学反应的特点之一是副反应多，转化率也不能达到100%，有些反应还需要催化剂和溶剂等。因此，制备有机化合物时，若要得到纯的产物，就要进行分离、提纯和鉴别。分离常指从混合物中把几种物质逐一分开；提纯(又称精制、纯化)通常是指把杂质从混合物中去掉；鉴定是指确定分离出来的纯化合物是什么。

分离纯化有机化合物的方法很多，大体可分为物理方法(如蒸馏、分馏、结晶、升华、层析、干燥等)和化学方法(如酸、碱萃取等)两大类。化学方法的基本要求是方法简便易行，消耗少，所得到的物质易复原。在实际分离、提纯多种物质混合物过程中，往往是多种物理分离方法和化学分离方法交叉使用。

在进行分离、提纯操作之前，需要弄清楚混合物中可能有哪些有机化合物，它们相对含量各多少。然后查出它们的物理性质(如沸点、熔点等)和化学性质(如酸性、碱性等)，然后确定如何分离。写出操作流程图后再进行操作。

分离得到纯的有机化合物后，还要进行鉴定，确定分离出的各有机化合物是否正确。在进行分离的过程中，要考虑各种有机化合物的回收率。回收率与操作有关，与分离过程中加入的各种试剂的量有关，也与分离规模有关。分离规模越小，回收率越低。

一、常量规模操作

1. 药品

苯甲醚23.7mL(23.6g)、2,2,4-三甲基戊烷16.7mL(16.1g)、苯甲酸2.3g及苦味酸微量(10mg)组成的混合物、10%碳酸钠溶液、浓盐酸、氯化钙。

实验所需时间：6~8h。

2. 实验内容

在100mL分液漏斗中加入50mL上述混合物[1]，用10%碳酸钠溶液萃取2次，每次用25mL碳酸钠溶液[2]。水相集中到100mL烧杯中，用浓盐酸酸化，使溶液的pH = 1，苯甲酸沉淀。在布氏漏斗中抽滤，并用少许冷水洗涤沉淀。把沉淀转移到50mL烧杯中，加入适量水[3]煮沸使固体溶解，冷却析出无色晶体苯甲酸，抽滤，晾干，称重。测定其熔点，计算回收率[4]。

留在分液漏斗中的有机相用等体积的水洗涤2次，有机相转移到100mL锥形瓶中，加入少许块状无水氯化钙干燥，清液转移到干燥的50mL圆底烧瓶中，加入几粒沸石，安装分馏装置。加热分馏，收集<105℃馏分A和>105℃馏分B。

馏分A重新分馏，收集<95℃馏分和95~105℃主馏分2,2,4-三甲基戊烷。将蒸馏烧瓶冷却，再将馏分B加入其中，与瓶中残留的>105℃馏分混合，补加沸石，继续分馏，收集<155℃馏分，再收集155~160℃的苯甲醚馏分。称量2,2,4-三甲基戊烷和苯甲醚的量，计算回收率[4]，用气相色谱分析两者的纯度[5]。

注释：

[1]可用甲苯、2,4-二硝基苯酚或邻(或对)硝基苯酚分别代替2,2,4-三甲基戊烷和苦味酸，其量不变，组成混合物。

[2]取少许萃取后的有机相于试管中，加入1滴浓盐酸，振摇，有苯甲酸沉淀出来，说明苯甲酸未完全被萃取，需要进行第3次萃取。

[3]苯甲酸在100g水中溶解度为：4℃，0.18g；18℃，0.27g；75℃，2.2g。

[4]各组分回收率及纯度参考表7-1。

[5]可用OV-225色谱柱在80℃分析。

表7-1　各组分的回收率及纯度

组　分	理论量/g	实验结果		
		回收量/g	回收率/%	纯度/%
苯甲酸	2.3	1.5	64	
2,2,4-三甲基戊烷	16.1	11.6	72	90.2
苯甲醚	23.6	16.2	72	98.7

二、微量规模操作

取5mL混合液重做上述实验，其步骤和其他试剂量相应的都减少到1/10。注意仪器的选择和操作技术做相应的改变。

三、思考题

1. 在实验前需要查阅混合物各组分的哪些物理常数？画出分离实验操作流程图。
2. 为什么没有分离得到苦味酸这个组分？它在哪一步操作中除去了？
3. 各种组分的回收率没有达到100%，试分析各组分在哪一步操作损失了？

实验 28　邻苯二甲酰亚氨基乙酸的制备(半微量制备)

自 1986 年发现微波加热可以促进有机化学反应以来，科学工作者对促进化学反应的原理、微波炉的结构、化学反应器的设计等研究做了大量工作，取得了显著成绩，已有专著出版。这是对有机化学研究的一种新思维、新技术、新方法。目前，这项技术已应用到有机化学实验教学中。微波辐射能大幅度提高化学反应速率，甚至达到传统加热反应的 1 000 余倍；使用仪器设备简单，可用家庭用微波炉产生微波辐射(波长12.2cm，2.45GHz)，化学反应可在烧杯中进行。微波能促进的有机化学反应类型很多，从目前的研究结果看，能进行极性振动的分子用微波促进反应都有效。反应速率往往与反应物的量有关。

从安全的角度考虑，在教学实验中微波实验的规模不宜太大，最好用于高沸点的试剂和固体化合物。微波技术用于化学教学实验有诸多好处：反应时间短，在几分钟内即可完成，学生可以有较多的时间做其他操作，如重结晶、测熔点，做色谱分离和鉴别等；仪器简单，学生可同时做五至十几个实验；所用试剂少，节省开支，符合绿色化学实验要求；反应物转化率高，产物选择性大，因此分离纯化过程简单。

在进行微波化学实验时，要注意使用微波炉的功率，它对反应时间影响很大，过长反应时间，会使产物焦化，最好使用带转盘的微波炉做实验，它可以起到某种程度的搅拌作用。在玻璃仪器中做实验，不可密封以防爆炸。

微波化学技术已得到一定的应用，但是，对其促进反应的原理还没有统一的认识，有待进一步研究。

一、反应

$$\text{邻苯二甲酸酐} + NH_2CH_2COOH \xrightarrow{\text{微波辐射}} \text{邻苯二甲酰亚氨基-}NCH_2COOH + H_2O$$

二、药品

苯酐、甘氨酸、*N*, *N*-二甲基甲酰胺，*N*-甲基吗啉。

实验所需时间：2～3h。

三、实验内容

将 1.48g(0.01mol)的苯酐和 0.75g(0.01mol)甘氨酸放到研钵中研细，转移到 50mL 烧杯中，并加入5mL *N*, *N*-二甲基甲酰胺和 0.25mL 的 *N*-甲基吗啉，混合均匀。用表面皿盖好烧杯并移入微波炉中，调节功率指示50%水平。然后用微波辐射约1min[1]，取出烧杯，冷却至室温，加入10mL水，抽滤得到晶体粗产物。然后用少许95%乙醇重结晶[2]，测定其熔点。用高效液相色谱分析其组成，或者用薄层色谱法(TLC)分析其组成。

产量：约1.5g。

文献报道邻苯二甲酰亚氨基乙酸的熔点为192～195℃。

注释：

[1]本实验的微波炉功率700W，不同微波炉辐射时间应不同。

[2]95%乙醇量不能太多，否则产量降低很多。

四、思考题

1. 试分析本实验反应时间的长短与哪些因素有关。
2. 如果微波辐射后，反应物变焦黑，是什么原因？怎么能不变焦黑？
3. 微波实验能否在金属容器内进行？为什么？

实验29　阿司匹林的制备——用三氯化铁溶液控制反应时间(半微量制备)

一个化学反应需要多少时间完成，或者若使一种反应物完全转化需要多少其他反应物等，这些属于化学反应控制应该研究的问题，更是一个化学反应能否应用于生产实际的重要指标之一。在有机化学教学实验中，反应时间往往已经规定，或者因为教学实验是要掌握实验原理、学习实验操作技术、训练动手能力、锻炼思维方法、培养创新意识，而不过于追求产物的产率和合理的反应时间，因此反应控制这个概念往往不被学生重视或印象淡漠。

在反应控制的研究中，可以通过测定反应物是否完全消失来确定反应时间(反应终点)，或确定另一种反应物应加多少。确定一种反应物是否完全消失可通过多种方法，如薄层色谱法(TLC)、红外光谱法(IR)、核磁共振法(NMR)、气相色谱法(GC)、高效液相色谱法(HPLC)或其他任何一种能快速测定的技术。

一、反应

COOH

OH

\+

O

CH_3C

O

CH_3C

O

H_3PO_4

微波辐射

COOH

$OOCCH_3$

$+ CH_3COOH$

二、药品

水杨酸(邻羟基苯甲酸)、乙酐、85%磷酸、1%三氯化铁溶液。

实验所需时间：2～3h。

三、实验内容

在50mL烧杯中依次加入1.4g(0.01mol)水杨酸、2.8mL(3.06g，0.03mol)乙酐、1滴85%磷酸，混合均匀。用表面皿盖好烧杯。将烧杯移入微波炉的托盘上，加热功率设置为30%，加热[1]2min后，取少许反应物，用三氯化铁溶液检查水杨酸[2]，如果反应中仍有水杨酸，继续微波辐射2min，再取样检查一次，如此反复辐射和检验直到水杨酸消失为止，即反应终点。取出烧杯，冷却至室温，析出无色晶体。抽滤出晶体。

用甲苯重结晶，测产物熔点。用TLC分析产物组成[3]，测红外光谱(IR)。

产量：约1.3g。

纯乙酰水杨酸为无色晶体，熔点138℃。

注释：

[1]加热时有刺激性乙酸逸出，实验最好在通风橱中进行。

[2]在小试管中取少量三氯化铁溶液，用细滴管蘸一点反应混合物插入小试管中，如出现紫色，表明还有水杨酸存在。

[3]用戊烷-乙酸乙酯(8∶2)的混合物为展开剂。

四、思考题

1. 三氯化铁溶液能检查水杨酸存在与否的原理是什么？
2. 本实验反应的反应机理是什么？
3. 为什么水杨酸的羟基与乙酐反应，而不是羧基与乙酐反应？

实验30　从肉桂皮中提取肉桂油及其主要成分的鉴定

一、实验目的

1. 学习从肉桂树皮中提取肉桂醛的方法。
2. 熟练掌握水蒸气蒸馏的操作技术。
3. 熟悉衍生物法、层析法和红外光谱法在化合物鉴定中的应用。

二、实验原理

许多植物具有独特的令人愉快的气味，植物的这种香气是由植物所含的香精油所致。工业上重要的香精油有200多种，如茴香油、薄荷油、玫瑰油、杏仁油、丁子香油、蒜油、茉莉油、肉桂油等都是一些重要的香精油。

香精油存在于许多植物的根、茎、叶、籽和花中，大部分是易挥发性且难溶于水的物质，因此香精油的提取常采用水蒸气蒸馏的方法。此外，香精油还可以用萃取法和榨取法提取。

肉桂树皮中香精油的主要成分是肉桂醛(反-3-苯基丙烯醛)。肉桂醛为略带浅黄色的油状液体，沸点252℃，难溶于水，易溶于苯、丙酮、乙醇、二氯甲烷、氯仿、四氯化碳等有机溶剂。肉桂醛易被氧化，在空气中长期放置，可被空气中的氧氧化成肉桂酸。

利用肉桂醛难溶于水且能随水蒸气蒸发的性质，本实验采用水蒸气蒸馏的方法提取肉桂油。然后利用肉桂醛具有加成和氧化性质进行肉桂醛官能团的定性鉴定。

色谱法是分离、纯化和鉴定有机化合物的重要方法之一，在条件完全一致的情况下，纯粹的化合物在薄层色谱中呈现一定的移动距离，具有一定的比移值(R_f值)。本实验将肉桂皮水蒸气蒸馏液与试剂肉桂醛样品进行对照实验，计算R_f值，作为鉴定肉桂油主要组成结构的依据。

肉桂油也可用波谱法(如红外光谱法)进一步鉴定。

经官能团定性、色谱分析、波谱分析等步骤，可以推测样品的类型及可能存在的官能团，还可再进一步制备样品的衍生物进行鉴定。因衍生物一般是固体结晶，具有一定熔点，与已知化合物的衍生物进行比较，可以确定样品为何种化合物。制备衍生物进行鉴定的方法称为衍生物法，这一方法简单易行，是鉴定有机化合物未知样品经常使用的方法。

本实验中制备衍生物的反应为：

$$C_6H_5-CH=CHCHO + NH_2NH-C_6H_3(NO_2)_2\ (2,4) \longrightarrow C_6H_5-CH=CHCH=NNH-C_6H_3(NO_2)_2\ (2,4) + H_2O$$

肉桂醛-2,4-二硝基苯腙

肉桂醛-2,4-二硝基苯腙为黄色结晶，熔点255℃。

三、实验用品

仪器：水蒸气蒸馏装置、圆底烧瓶(50mL、250mL)、量筒(100mL)、分液漏斗(150mL)、刻度试管(5mL)、烧杯、锥形瓶(50mL)、抽滤装置、带侧管试管、层析缸(内径5.5cm，高12cm)、毛细管、玻璃板(3cm×10cm，2块)、研钵、温度计(200℃)、熔点管(b型管)、喷雾器、电热套、试管、漏斗、玻璃钉。

试剂：CH_2Cl_2、CCl_4、无水Na_2SO_4、甲醇、2,4-二硝基苯肼、乙酸乙酯、浓H_2SO_4、3% Br_2的CCl_4溶液、液体石蜡、0.5% $KMnO_4$、5% $AgNO_3$、10% NaOH、浓氨水、5%

HNO_3、石油醚(沸点90～120℃)、托伦试剂。

材料：肉桂皮粉、硅胶G、沸石。

四、实验内容

1. 肉桂油的提取

安装好水蒸气蒸馏装置(见图3-11)，在水蒸气发生器的烧瓶中加入150mL热水和几粒沸石，在蒸馏瓶中加入15g研细的肉桂皮粉和50mL热水，然后开始水蒸气蒸馏[1]。肉桂油与水的混合物以乳浊液流出，当馏出液澄清透明时，蒸馏完毕，收集80～100mL馏出液[2]。

将馏出液转移至150mL分液漏斗中，用20mL CH_2Cl_2分2次萃取，弃去上层的水层，将CH_2Cl_2层移至50mL锥形瓶中，加少量无水Na_2SO_4，干燥30min。分离出溶液，在通风橱内用蒸气浴加热蒸去大部分溶剂[3]，将浓缩液移入已称量的干燥刻度试管中，继续在蒸气浴上蒸馏至完全除去CH_2Cl_2为止。揩干试管，称量，计算提取率。

2. 肉桂油的性质检验

(1) 取1滴肉桂油于试管中，加入1mL 2,4-二硝基苯肼试剂，水浴加热，观察有无橘红色沉淀生成。

(2) 取1滴肉桂油于试管中，加入1mL托伦试剂，水浴加热观察有无银镜产生。

(3) 取1滴肉桂油于试管中，加入1mL CCl_4，再滴加3% Br_2的CCl_4溶液，观察溴的红棕色是否褪去。

(4) 取1滴肉桂油于试管中，加入4～5滴0.5% $KMnO_4$溶液，边加边振荡试管，并注意观察溶液的变化，在水浴上稍温热，观察有无棕黑色沉淀生成。

3. 肉桂油的薄层色谱法

(1) 薄板的制备。将玻璃板洗净，用蒸馏水淋洗后晾干备用。称取3g硅胶G于研钵中，加7mL蒸馏水，立即调成均匀糊状，将调好的糊状物迅速分倒在两块玻璃板上，并用玻璃棒将其迅速涂开，用手拿住玻璃板的一端轻轻振摇，使匀浆均匀地涂在玻璃板上。将涂好的玻璃板水平放置，晾干后，移入烘箱，缓慢升温，于105～110℃活化30min，取出后放于室内冷却备用。

(2) 点样。距玻璃板一端1～1.5cm处划一条线作为起点线，用一根内径约1mm管口平整的毛细管，取肉桂皮水蒸气蒸馏石油醚萃取液样品[4]，于起点线上轻轻接触薄板点样，再用另一根毛细管吸取试剂肉桂醛水蒸气蒸馏液样品[5]点样，两点相距1cm。若一次点样不够，可待第一次点上的样品溶剂挥发后，再在原处重复1～2次，点样斑点直径一般不超过2mm。

(3) 展开。在干燥的层析缸中加入约10mL展开剂(乙酸乙酯∶石油醚为2∶8)，盖上缸盖并摇动，使缸内展开剂蒸气饱和。将点好样品的薄板倾斜放入层析缸中，注意勿使样品斑点浸入展开剂中。盖上缸盖进行展开。当展开剂前沿上升到距离薄层板顶端1～1.5cm处时，取出薄板，在前沿处划一直线。

(4) 显色。薄层板自然晾干后，用盛有2,4-二硝基苯肼溶液的喷雾器对准薄板(应有一定距离)，小心地喷雾显色。开始可见两个等高度的浅黄色斑点出现，稍放置后，斑点变为橘黄色。

(5)计算肉桂醛的 R_f 值。

4. 肉桂酸的红外光谱法

取0.1mL肉桂油，测其红外光谱[6]，将结果与图7-1的标准谱图对照，看是否一致，并解释光谱图中的主要特征峰。

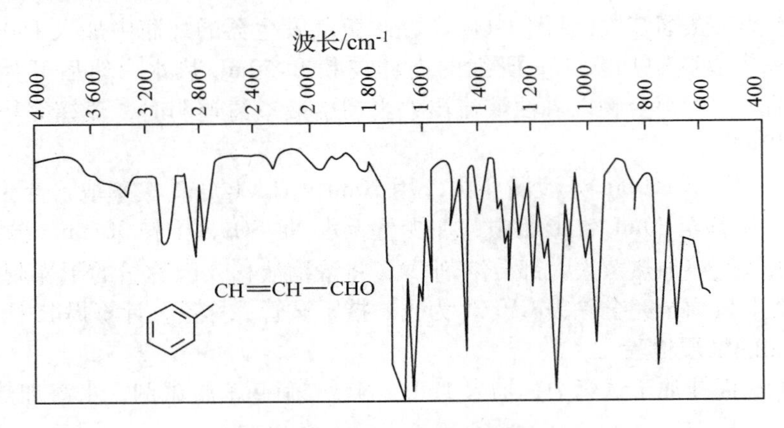

图7-1 肉桂酸的红外光谱图

5. 肉桂醛衍生物的制备

取0.1mL肉桂油溶于1mL甲醇中，另取0.1g 2,4-二硝基苯肼溶于5mL甲醇中，再小心地加入0.2~0.3mL浓 H_2SO_4，温热使其完全溶解。再将肉桂油的甲醇溶液加入其中，温热10min，使其产生结晶。将所得结晶抽滤，并用少量甲醇洗涤结晶2~3次，再用少量乙酸乙酯重结晶，收集重结晶后所得产物，烘干，测其熔点，与所给文献数据对照。

注释：

[1]水蒸气蒸馏时，肉桂皮粉很容易堵塞水蒸气导入管。如果发生堵塞，应先打开T形管上的铁夹，将水蒸气导入管适当上提，再进行蒸馏。

[2]留8~10mL肉桂皮水蒸气蒸馏液供操作步骤3用。

[3] CH_2Cl_2 毒性较大，应避免吸入体内。蒸发溶剂也可用普通蒸馏装置进行。

[4]自制肉桂皮水蒸馏液浓度极稀，薄板斑点显色后不清晰，一般需浓缩后再点样。操作如下：在一支试管中取8~10mL肉桂皮水蒸气蒸馏液，2~3mL石油醚，小心振荡，静置分层后，用毛细管取上层萃取液。

[5]试剂肉桂醛水蒸气蒸馏的制备：取4~5滴肉桂醛试剂放于100mL蒸馏水中，常压蒸出，取不带油珠的液体即可使用。

[6]用本法制得的肉桂油基本上是纯净的肉桂醛，故可直接用于红外光谱测试。否则，应先将提取液分离提纯才能做红外光谱。

五、思考题

1. 简述从肉桂皮中提取肉桂油的过程。

2. 在肉桂油官能团定性实验中，哪些实验用来检验 C═C 键？哪些用来检验 >C═O 官能团？

3. 本实验中还采取哪些方法来鉴定肉桂油中的主要成分？

实验 31　从奶粉中分离酪蛋白、乳糖和脂肪

一、实验目的

学习从奶粉中分离酪蛋白、乳糖和脂肪的原理和方法。

二、实验原理

从奶粉中能够分离出 3 种具有一定纯度的成分：酪蛋白、乳糖和乳脂肪。牛奶中存在的酪蛋白钙盐有 3 种不同的组分：α-酪蛋白、β-酪蛋白和 γ-酪蛋白。它们的分子质量以及连接在 α、β-酪蛋白分子上磷酸根的数目各不相同。酪蛋白酸钙实际上形成了一种复杂的水溶性单元，其中处于结构内部的 α 和 β-酪蛋白酸根离子被 α-酪蛋白酸根离子包围着，整个形成了一个带负电荷的微胞，并与带正电荷的钙离子相缔合，微胞是一种缔合分子单元的聚集体，它在介质中立刻以小球状微粒存在，这种微胞结构是由非水溶性的 α 和 β-酪蛋白酸钙键的碳水化合物构成其表面的某一部分，但含有比 α 或 β-酪蛋白中任何一个都要少的磷酸根。因此，水溶性的 κ-酪蛋白使得这种结合的聚集体成为水溶性。

牛奶中加入 10% 乙酸溶液，中和微胞上带有的负电荷，就可形成游离的蛋白质，并以胶状物沉淀下来：

$$[Ca^{2+}][\text{酪蛋白酸离子}^{2-}] + 2CH_3COOH \longrightarrow Ca(CH_3COO)_2 + \text{酪蛋白}\downarrow$$

将余下来的液体从酪蛋白沉淀物中除去，然后将液体与碳酸钙一起煮沸中和。加热的同时也能使牛奶蛋白质中的白蛋白和乳球蛋白变性，这些变性的蛋白质可以通过过滤与碳酸钙一同除去。

将过滤得到的乳清液浓缩至原体积的 1/2，然后经活性炭纯化后，利用乙醇重结晶得到乳糖。

奶粉中含有约 0.5% 的脂肪，脂肪是由甘油与 3 个脂肪酸生成的一种酯。牛奶中的脂肪是由三酸甘油酯组成，其中多数由 C_4 ~ C_8 的饱和脂肪酸生成。为了得到奶粉中有限量的乳脂，可将奶粉与二氯甲烷一起加热，蒸去二氯甲烷后得到的残留物即为脂肪。

三、实验用品

仪器：烧杯（150mL）、量筒、布氏漏斗、吸滤装置、圆底烧瓶（50mL）、球形冷

凝管。

试剂：冰醋酸、碳酸钙、活性炭、硅藻土、二氯甲烷、95%乙醇。

材料：奶粉。

四、实验内容

1. 酪蛋白的分离

量取50mL水，将20g奶粉加入其中，充分搅拌至所有块状物消失，另外配制20mL 10%乙酸溶液。

用水浴将上述奶液加热至40℃，在非常缓慢地搅拌下，慢慢地将10%乙酸溶液(约10mL)加入牛奶中[1]，直至有大块的胶状物生成。

一边用搅拌棒轻轻挤压酪蛋白，一边将乳清从沉积的酪蛋白中倾于一只150mL烧杯里。用抽滤法将块状的酪蛋白过滤，滤得的酪蛋白置于滤纸中间挤压至干，将它放在表面皿上，空气晾干。干燥后的酪蛋白经称重后，计算出奶粉中酪蛋白的质量分数。

2. 乳糖的分离

将4g碳酸钙加入上述乳清中，在不断快速的搅拌下，煮沸2～3min，必须不断地搅拌以防止暴沸而引起液体的损失。通过吸滤将碳酸钙和白蛋白从乳清中除去，然后将滤液倒入一只干净的150mL烧坏中，在不断地剧烈搅拌下，将滤液加热煮沸浓缩到约原体积的1/2。

乳清浓缩后，将175mL 95%乙醇加入回流装置中，加热至接近沸腾。在加热乙醇的同时，将约15g硅藻土加入75mL 95%乙醇中，通过吸滤，在布氏漏斗中铺上一层过滤层，然后倒去吸滤瓶中的乙醇。

将乳清加入175mL 95%乙醇中，再加入约15g活性炭。搅拌，加热煮沸2～3min，然后在铺有硅藻土的布氏漏斗上抽滤。将滤液倒入烧杯中，用表面皿盖好，静置冷却。用细孔度滤纸进行抽滤，把乳糖从乙醇中分离出来。产物经空气干燥，称重后计算奶粉中乳糖的质量分数。

测定乳糖的熔点(文献值为201.6℃)，观察并记录糖在受热时的变化情况。

3. 乳脂的分离

100mL二氯甲烷中加入20g奶粉，搅拌下加热煮沸1～2min后，将奶粉从二氯甲烷中滤去，滤液滤入预先称重的烧杯中。蒸馏回收二氯甲烷，并在通风橱里加热蒸除残留的二氯甲烷，记录分离得到的脂肪质量。

本实验也可用牛奶稀释4倍代替奶粉进行实验。

注释：

[1]向奶液中加入10%乙酸，如果搅拌速度太快，酪蛋白会结成小块，这样就难以从奶液中分离出来。

五、思考题

为什么先向乳清中加入碳酸钙，然后又将它除去？

第 8 章　自行设计实验

自行设计实验是在给定某题目后，在教师指导下，学生自己通过查阅相关文献资料，运用已掌握的理论知识和实验技术，独立设计出实验方案，完成一整套方案的制订。学生设计实验时要考虑实验室的具体条件，所拟订的方案应切实可行。实验方案包括实验目的、实验原理、实验仪器与药品、操作步骤、实验报告格式等。确定实验方案后，经指导教师审核后进一步完善，然后学生独立完成全部实验内容。实验完成后，学生根据所得实验结果写出实验报告。实验设计是一项创造性的工作，需以有关的基础理论知识为指导，并通过实验来验证理论。通过完成自行设计实验，既可以培养学生独立查阅文献资料、独立思考、独立操作的能力，又可以培养学生分析问题、解决问题的能力。将党的二十大报告中提出的“培育创新文化……营造创新氛围”落到实处。

实验 32　鉴定未知有机化合物

一、实验目的

1. 自行设计实验鉴别醇、酚、酸、胺中的一个未知物。
2. 掌握官能团反应实验是鉴定未知有机化合物的一种重要的方法。
3. 训练学生实验操作技术的能力和综合解决问题的能力。

二、实验提示

(1)设计一个实验，鉴别来自 3 -甲基- 1 -丁醇、3 -甲基- 2 -丁醇、2 -甲基- 2 -丁醇、4 -甲基苯酚、4 -甲氧基苯甲酸、4 -甲基苯胺、*N* -甲基苯胺和 *N*, *N* -二甲基苯胺中的一个未知物。未知物是 5mL 液体或是 300mg 固体。

(2)酚类、烯醇化合物鉴别用三氯化铁溶液；甲基酮、2 -羟基烃等鉴别可用碘试剂；可溶于水的伯、仲、叔醇用卢卡斯试剂能区别；伯、仲、叔胺可以用兴斯堡试剂区别。实验所用试剂最好是新配制的，用量要合理，最好一次完成实验。

(3)设计实验时最好列成一个表格，列出可能的未知化合物、选用的鉴定反应和预期出现的现象。

(4)在用反应速率区别化合物(如卢卡斯反应)时，可用已知结构物进行对照实验。

(5)指导教师配制好可能使用的各种鉴定试剂和向学生提供具体的操作说明等。

(6)预期的现象可能不明显或不出现，需重做。

三、设计要求

(1)查阅相关文献，独立设计实验方案。

(2)巩固官能团化合物鉴定的一般方法及操作技术。

(3)鉴别未知化合物，写出报告。

实验33　复方止痛药片成分的分离与鉴定

一、实验目的

1. 自行设计实验分离、鉴定复方对乙酰氨基酚(扑热息痛)药片或复方阿司匹林(镇痛片)药片的活性成分。

2. 掌握薄层色谱分离技术。

二、实验提示

(1)常见的非处方止痛药是阿司匹林、非那西汀、扑热息痛等。常见的非处方止痛药活性组分如下:

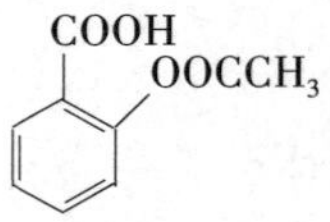

乙酰水杨酸 (阿司匹林，醋柳酸)	对乙酰氨基苯乙醚 (非那西汀)	对乙酰氨基酚 (醋氨酚，扑热息痛)	咖啡因 (来自茶叶提取物)

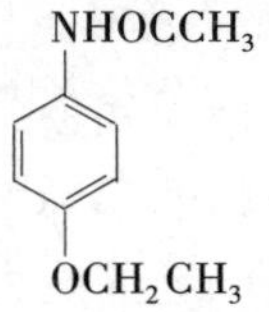

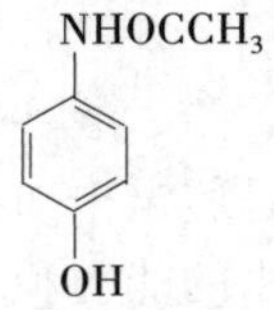

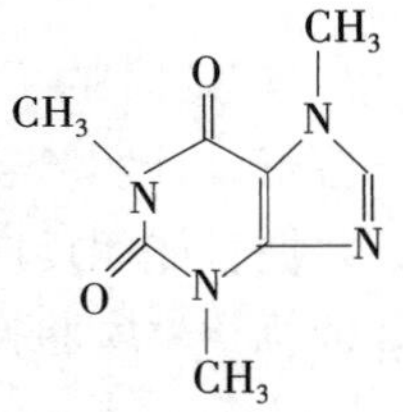

复方止痛药满足了不同人群和不同疼痛症状的需要。复方止痛药，即它们中的2种或3种复配，有的还加入咖啡因或其他活性组分。

复方止痛药片包括两大成分：非活性成分，主要是淀粉等辅料；活性成分，即上述中的化合物，活性组分的种类不同、含量不等。指导教师可根据当地药店供应止痛药片的情况，选用其他止痛药片供学生实验用。

(2)测定方法可用薄层色谱法、高效液相色谱法，也可用分离出的纯活性组分进行测定。

(3)萃取可用二氯甲烷与甲醇体积比的1:1混合溶剂，把药片的活性组分与非活性组分分开。

(4)吸附剂硅胶的种类根据显色方式(紫外)选择。层析板，可自制板或采用市售。

(5)展开剂可用石油醚与乙酸乙酯混合展开剂。

(6)显色可用在紫外灯下，也可以碘蒸气熏蒸法观察斑点。

(7)确定各组分的 R_f 值用标样(怎样得到标样)。

(8)分离出各纯的活性组分(制板时吸附剂涂层厚度是多少，样品点为何种形状)。

三、设计要求

独立设计，实施操作，鉴别出活性组分。总结做设计性实验的体会，写出实验报告。

实验 34　取代苯甲酸的制备

一、实验目的

1. 自行设计实验以取代烷基苯为反应物，氧化制备相应的取代苯甲酸。
2. 理解有机化学实验与有机化学理论间的关系。
3. 有机实验取得的数据可证明有机化学中的通用反应式。

二、实验提示

(1)含有 α-氢的烷基苯氧化得到苯甲酸的通用反应式如下：

$$C_6H_5\text{—}R \xrightarrow[\triangle]{KMnO_4/H_3^+O} C_6H_5\text{—}COOH$$

不论侧链多长以及侧链上是否有其他基团，只要有 α-氢，就能被强氧化剂氧化成苯甲酸。实验原理是什么？烷基苯的苯环上的取代基(卤原子、硝基等)是否适用？又怎样证明它？

(2)参考由甲苯氧化制备苯甲酸的方法，设计由(2-、3-、4-)取代氯甲苯、(2-、3-、4-)取代溴甲苯、(2-、3-、4-)取代硝基甲苯以及相应的取代乙苯、苯氯甲烷等中一个或两个为反应物，氧化制备相应的取代苯甲酸：

$$X\text{—}C_6H_4\text{—}R + KMnO_4 \longrightarrow X\text{—}C_6H_4\text{—}COOH$$

(X =—H、—Cl、—Br、—NO_2；R =—CH_3、—CH_2CH_3、—CH_2Cl)

(3)用高锰酸钾为氧化剂，应确定是在酸性、中性还是在碱性介质中氧化。

(4)保证反应物完全转化成产物，需要什么样的物料比？

(5)反应中怎样减少副产物？过量的氧化剂以及二氧化锰如何处理？如何分离？

(6)产物如何鉴定，测熔点、高效液相色谱法、薄层色谱法、红外光谱法、核磁共振氢谱法等均可。

三、设计要求

(1)查阅资料，设计方案、实施制备操作，包括对产物的制备、分离、提纯、鉴定的全过程。

(2)学生分组实验，总结自己与同学的实验结果，并讨论。写出完整的实验报告。

实验35 未知有机化合物溶液的分析

一、实验目的

1. 通过本实验全面复习醇、酚、醛、酮和羧酸的主要化学性质。
2. 应用所学知识和操作技术，独立设计未知液的分析实验方案。

二、实验提示

(1)首先复习有机化学教材和本书中关于醇、酚、醛、酮和羧酸的主要化学性质的有关章节，然后根据实验室提供的实验条件，拟定未知液的分析实验方案。

(2)实验室给定的化学试剂：2,4-二硝基苯肼、饱和溴水、蓝色石蕊试纸、浓H_2SO_4、碘液、1% $FeCl_3$、斐林试剂A、斐林试剂B、浓氨水、5% $CuSO_4$、酚酞、5% $K_2Cr_2O_7$、5% $AgNO_3$、10% NaOH、5% $NaHCO_3$。

(3)教师提供的未知液。

将以下样品放在编有号码的试剂瓶中：正丁醇、乙酸、丙酮、异丙醇、甘油(丙三醇)、乙醛、苯甲醛、苯酚。学生根据上述化合物的类型和所给定的化学试剂，预先拟定好分析实验方案。

三、设计要求

(1)用给定的化学试剂独立设计鉴定方案(包括目的要求、实验原理、实验用品、操作步骤和预期结果，以及有关化学反应式)。

(2)实验方案经指导教师审查允许后，独立完成实验。实验操作过程中，应认真观察和记录实验现象，正确进行未知液分析。

(3)完成实验后，应当立即写出实验报告，将实验方案、实验报告一并交指导教师。

实验 36　葡萄糖注射液中葡萄糖含量的测定

一、实验目的

1. 自行设计实验测定葡萄糖注射液中葡萄糖含量。
2. 进一步学习碘量法操作和旋光仪操作。
3. 训练学生的知识综合能力和实际操作能力。

二、实验提示

1. 碘量法

碘与氢氧化钠作用可生成次碘酸钠(NaIO)，葡萄糖($C_6H_{12}O_6$)能定量地被次碘酸钠氧化生成葡萄糖酸($C_6H_{12}O_7$)，在酸性条件下，未与葡萄糖作用的次碘酸钠可转变成单质碘(I_2)析出，用硫代硫酸钠标准溶液滴定析出的碘，便可以计算出葡萄糖的含量。

其反应如下：

$$I_2 + C_6H_{12}O_6 + 2NaOH \xlongequal{} C_6H_{12}O_7 + H_2O + 2NaI$$

$$3NaIO \xlongequal{} NaIO_3 + 2NaI$$

$$NaIO_3 + 5NaI + 6HCl \xlongequal{} 3I_2 + 6NaCl + 3H_2O$$

$$I_2 + 2Na_2S_2O_3 \xlongequal{} Na_2S_4O_6 + 2NaI$$

2. 旋光法

当偏振光通过具旋光性的物质时，光的偏振面便会发生旋转，称为旋光。偏振面旋转的角度即为旋光度，测定旋光度的仪器称为旋光仪。在旋光仪中，旋光是顺时针方向偏转，则称被测物质为右旋(+)，若逆时针方向偏转，则称被测物质为左旋(-)，因此旋光度有(+)(-)之分。由于旋光度(α)有左右旋及其大小与溶剂的性质、溶液的浓度(c)、入射光的波长(λ)、温度(t)及偏振光所通过样品管(又称旋光管)的长度(L)等因素有关，因此常用比旋光度表示溶液的旋光性。

通常，可以从化学用表中查得各旋光物质的比旋光度$[\alpha]_{\lambda}^{t}$，因此只要用旋光仪测得某溶液的旋光度α，加之所用的样品管长度L已知，便可算出该溶液的浓度c：

$$c = \{\alpha / [\alpha]_{\lambda}^{t} \cdot L\} \times 100$$

由于旋光仪常用于测定糖的浓度，因此旋光仪又称量糖计，在实际工作中经常遇到。

三、设计要求

(1)查阅相关文献，选择设计一种可行的实验方案。

(2)巩固标准溶液的配制及标定等操作技术。

(3)学习采用仪器测定物质含量的技术。

参考文献

北京大学有机化学教研室，1990. 有机化学实验[M]. 北京：北京大学出版社.

曾昭琼，2000. 有机化学实验[M]. 3 版. 北京：高等教育出版社.

邓芹英，刘岚，邓慧敏，2007. 波谱分析教程[M]. 2 版. 北京：科学出版社.

高红昌，2014. 大型仪器分析使用教程[M]. 北京：高等教育出版社.

高占先，2004. 有机化学实验[M]. 4 版. 北京：高等教育出版社.

黄涛，1998. 有机化学实验[M]. 北京：高等教育出版社.

吉林大学，2017. 基础化学实验·有机化学实验分册[M]. 2 版. 北京：高等教育出版社.

赖桂春，朱文，2009. 有机化学实验[M]. 北京：中国农业大学出版社.

兰州大学，2010. 有机化学实验[M]. 3 版. 北京：高等教育出版社.

李兆陇，阴金香，林天舒，2000. 有机化学实验[M]. 北京：清华大学出版社.

廖蓉苏，丁来欣，2004. 有机化学实验[M]. 北京：中国林业出版社.

刘湘，刘世荣，2007. 有机化学实验[M]. 北京：化学工业出版社.

米勒，1987. 现代有机化学实验[M]. 上海：上海科学技术出版社.

宁永成，2000. 有机化合物结构鉴定与有机波谱学[M]. 2 版. 北京：科学出版社.

苏州大学有机化学教研室，1992. 有机化学演示实验[M]. 北京：高等教育出版社.

田大听，李耀华，2014. 有机化学实验教程[M]. 武汉：华中师范大学出版社.

汪秋安，范华芳，廖头根，2012. 有机化学实验室技术手册[M]. 北京：化学工业出版社.

王福来，2001. 有机化学实验[M]. 武汉：武汉大学出版社.

吴世晖，周景尧，林子森，1986. 中级有机化学实验[M]. 北京：高等教育出版社.

于荣敏，张德志，2008. 天然药物化学成分波谱分析[M]. 北京：中国医药科技出版社.

袁履冰，2000. 有机化学[M]. 北京：高等教育出版社.

张金桐，叶非，2009. 实验化学[M]. 2 版. 北京：中国农业出版社.

中山大学化学系，1988. 有机化学实验[M]. 广州：中山大学出版社.

周科衍，吕俊民，1984. 有机化学实验[M]. 2 版. 北京：高等教育出版社.

周莹，2006. 有机化学实验[M]. 长沙：中南大学出版社.

附　录

附录1　常见元素的相对原子质量

元素名称	相对原子质量	元素名称	相对原子质量
银　Ag	107. 868	镁　Mg	24. 305
铝　Al	26. 981 538	锰　Mn	54. 938 0
溴　Br	79. 904	氮　N	14. 006 7
碳　C	12. 011	钠　Na	22. 989 770
钙　Ca	40. 08	镍　Ni	58. 693 4
氯　Cl	35. 452 7	氧　O	15. 999 4
铬　Cr	51. 996 1	磷　P	30. 973 761
铜　Cu	63. 546	铅　Pb	207. 2
氟　F	18. 998 40	钯　Pd	106. 42
铁　Fe	55. 847	铂　Pt	195. 078
氢　H	1. 007 9	硫　S	32. 066
汞　Hg	200. 59	硅　Si	28. 085 5
碘　I	126. 904 47	锡　Sn	118. 710
钾　K	39. 098 3	锌　Zn	65. 39

附录2　常用洗涤液的配制

洗涤液	配制方法	注意事项	用　途
盐酸	浓盐酸	防止挥发	二氧化锰、碳酸盐
铬酸洗液	10g重铬酸钾，加水20mL，加热溶解，冷却，再缓慢加入180mL浓硫酸，边加边搅拌，即成铬酸洗液	(1)防止腐蚀皮肤和衣服 (2)防止吸水 (3)洗液呈绿色时，表示失效 (4)废液用硫酸亚铁处理后再排放	一般污渍
碱性乙醇溶液	100g氢氧化钠溶于100mL冰水中，再加入800mL 95%乙醇	(1)配制时放热，防止挥发和防火 (2)久置失效	油脂、焦油和树脂等
有机溶剂	丙酮、乙醚	防止挥发	胶状或焦油状的有机污物

附录3　有机溶剂的沸点及相对密度

化学名	分子式	相对分子质量	熔点/℃	沸点/℃	密度/(kg·m^{-3})
正戊烷	C_5H_{12}	72.15	-130	36	0.626
正己烷	C_6H_{14}	86.18	-95	69	0.659 0
正庚烷	$CH_3(CH_2)_5CH_3$	100.21	-91	98	0.684 0
乙醚	$C_2H_5OC_2H_5$	74.12	-116	34.6	0.706 0
异丙醚	$C_6H_{14}O$	102.18	-85	68~69	0.725 0
叔丁基甲醚	$(CH_3)_3COCH_3$	88.15	-109	55~56	0.740 0
氨	NH_3	17.03			0.77
叔丁醇	$(CH_3)_3COH$	74.12	25~25.5	83	0.78
异丙醇	$(CH_3)_2CHOH$	60.10	-89.5	82.4	0.785 0
乙腈	CH_3CN	41.05	-46	81~82	0.786 0
乙醇	C_2H_5OH	46.07	-114	78	0.790 0
甲醇	CH_3OH	32.04	-98	64	0.790 0
丙酮	CH_3COCH_3	58.08	-94	56	0.791 0
异戊醇	$(CH_3)_2CHC_2H_4OH$	88.15	-117	130	0.809 0
正丁醇	C_4H_9OH	74.12	-90	117.7	0.810 0
甲苯	$C_6H_5CH_3$	92.14	-93	110.6	0.8650
对二甲苯	$CH_3C_6H_4CH_3$	106.17	12~13	138	0.866 0
乙二醇二甲醚	$C_4H_{10}O_2$	90.12	-58	85	0.867 0
间二甲苯	C_8H_{10}	106.17	-48	138~139	0.868 0
四氢呋喃	C_4H_8O	72.11	-108	65~67	0.889 0
乙酸乙酯	$CH_3COOC_2H_5$	88.11	-84	76.5~77.5	0.902 0
甲酸乙酯	$HCOOC_2H_5$	74.08	-80	52~54	0.917 0
2,6-二甲基吡啶	C_7H_9N	107.16	-6	143~145	0.920 0
乙酸甲酯	CH_3COOCH_3	74.08	-98	57.5	0.932 0
N,*N*-二甲基乙酰胺	$(CH_3)_2NCOCH_3$	87.12	-20	164.5~166	0.937 0
N,*N*-二甲基甲酰胺	C_3H_7NO	73.09	-61	153~154	0.94
乙二醇甲醚	$CH_3OCH_2CH_2OH$	76.10	-85	124~125	0.965 0
甲酸甲酯	$HCOOCH_3$	60.05	-100	34	0.974 0
吡啶	C_5H_5N	79.10	-42	115	0.978 0
1,4-丁二醇	$C_4H_{10}O_2$	90.12	20	229.2	1.01
氟苯	C_6H_5F	96.10	-42	85	1.024 0
1,4-二氧六环	$C_4H_8O_2$	88.11	11.8	100~102	1.034 0
乙酸	CH_3COOH	60.05	16~16.5	117~118	1.049 0
二甲基亚砜	CH_3SOCH_3	78.13	18.4	189	1.101 0
甲酸	$HCOOH$	46.03	8.2~8.4	100~101	1.220 0
丙三醇	$C_3H_8O_3$	92.09	20	182/2.7kPa	1.261 0
氯仿	$CHCl_3$	119.38	-63	61.7	1.483 2

附录4 常用有机溶剂在水中的溶解度

溶剂名称	温度/℃	溶解度(水中)	溶剂名称	温度/℃	溶解度(水中)
庚烷	15.5	0.005%	硝基苯	15	0.18%
二甲苯	20	0.011%	氯仿	20	0.81%
正己烷	15.5	0.014%	二氯乙烷	15	0.86%
甲苯	10	0.048%	正戊醇	20	2.6%
氯苯	30	0.049%	异戊醇	18	2.75%
四氯化碳	15	0.077%	正丁醇	20	7.81%
二硫化碳	15	0.12%	乙醚	15	7.83%
醋酸戊酯	20	0.17%	醋酸乙酯	15	8.30%
醋酸异戊酯	20	0.17%	异丁醇	20	8.50%
苯	20	0.175%			

附录5 水蒸气压力表

t/℃	p/mmHg*	t/℃	p/mmHg	t/℃	p/mmHg	t/℃	p/mmHg
0	4.579	15	12.788	30	31.824	85	433.600
1	4.926	16	13.634	31	33.695	90	525.760
2	5.294	17	14.530	32	35.663	91	546.050
3	5.685	18	15.477	33	37.729	92	566.990
4	6.101	19	16.477	34	39.898	93	588.600
5	6.543	20	17.535	35	42.175	94	610.900
6	7.013	21	18.650	40	55.324	95	633.900
7	7.513	22	19.827	45	71.880	96	657.620
8	8.045	23	21.068	50	92.510	97	682.070
9	8.609	24	22.377	55	118.040	98	707.270
10	9.209	25	23.756	60	149.380	99	733.240
11	9.844	26	25.209	65	187.540	100	760.000
12	10.518	27	26.739	70	283.700		
13	11.231	28	28.349	75	289.100		
14	11.987	29	30.043	80	355.100		

注：* 1mmHg = (1/760) atm = 133.322Pa。

附录6 乙醇溶液的密度和百分组成

乙醇含量(质量比)	相对密度	乙醇含量(体积比，20℃)	乙醇含量(质量比)	相对密度	乙醇含量(体积比，20℃)
5	0.989 38	6.2	75	0.855 64	81.3
10	0.981 87	12.4	80	0.843 44	85.5
15	0.975 14	18.5	85	0.830 95	89.5
20	0.968 64	24.5	90	0.817 97	93.3
25	0.961 68	30.4	91	0.815 29	94.0
30	0.953 82	36.2	92	0.812 57	94.7
35	0.944 94	41.8	93	0.809 83	95.4
40	0.935 18	47.3	94	0.807 05	96.1
45	0.924 72	52.7	95	0.804 24	96.8
50	0.913 84	57.8	96	0.801 38	97.5
55	0.902 58	62.8	97	0.798 46	98.1
60	0.891 13	67.7	98	0.795 47	98.8
65	0.879 48	72.4	99	0.792 43	99.4
70	0.867 66	76.9	100	0.789 34	100.0

附录7 常见共沸混合物

(Ⅰ) 常见二元共沸混合物

组分 A(沸点)	组分 B(沸点)	共沸点/℃	共沸物质量组成 A	共沸物质量组成 B
水(100℃)	苯(80.6℃)	69.3	9%	91%
	甲苯(231.08℃)	84.1	19.6%	80.4%
	氯仿(61℃)	56.1	2.8%	97.2%
	乙醇(78.3℃)	78.2	4.5%	95.5%
	丁醇(117.8℃)	92.4	38%	62%
	异丁醇(108℃)	90.0	33.2%	66.8%
	仲丁醇(99.5℃)	88.5	32.1%	67.9%
	叔丁醇(82.8℃)	79.9	11.7%	88.3%
	烯丙醇(97.0℃)	88.2	27.1%	72.9%
	苄醇(205.2℃)	99.9	91%	9%
	乙醚(34.6℃)	110	79.76%	20.24%
水(100℃)	二氧六环(101.3℃)	(最高) 87	20%	80%
	四氯化碳(76.8℃)	66	4.1%	95.9%
	丁醛(75.7℃)	68	6%	94%
	三聚乙醛(115℃)	91.4	30%	70%
	甲酸(100.8℃)	107.3	22.5%	77.5%
	乙酸乙酯(77.1℃)	(最高) 70.4	8.2%	91.8%
	苯甲酸乙酯(212.4℃)	99.4	84%	16%

（续）

组分 A(沸点)	组分 B(沸点)	共沸点/℃	共沸物质量组成 A	共沸物质量组成 B
乙醇(78.3℃)	苯(80.6℃)	68.2	32%	68%
	氯仿(61℃)	59.4	7%	93%
	四氯化碳(76.8℃)	64.9	16%	84%
	乙酸乙酯(77.1℃)	72	30%	70%
甲醇(64.7℃)	四氯化碳(76.8℃)	55.7	21%	79%
	苯(80.6℃)	58.3	39%	61%
乙酸乙酯(77.1℃)	四氯化碳(76.8℃)	74.8	43%	57%
	二硫化碳(46.3℃)	46.1	7.3%	92.7%
丙酮(56.5℃)	二硫化碳(46.3℃)	39.2	34%	66%
	氯仿(61℃)	65.5	20%	80%
	异丙醚(69℃)	54.2	61%	39%
己烷(69℃)	苯(80.6℃)	68.8	95%	5%
	氯仿(61℃)	60.0	28%	72%
环已烷(80.8℃)	苯(80.6℃)	77.8	45%	55%

（Ⅱ）三元共沸混合物

组分(沸点) A	组分(沸点) B	组分(沸点) C	共沸物质量组成 A	共沸物质量组成 B	共沸物质量组成 C	共沸点/℃
水(100℃)	乙醇(78.3℃)	乙酸乙酯(77.1℃)	7.8%	9.0%	83.2%	70.3
		四氯化碳(76.8℃)	4.3%	9.7%	86%	61.8
		苯(80.6℃)	7.4%	18.5%	74.1%	64.9
		环已烷(80.8℃)	7%	17%	76%	62.1
		氯仿(61℃)	3.5%	4.0%	92.5%	55.6
	正丁醇(117.8℃)	乙酸乙酯(77.1℃)	29%	8%	63%	90.7
	异丙醇(82.4℃)	苯(80.6℃)	7.5%	18.7%	73.8%	66.5
	二硫化碳(46.3℃)	丙酮(56.4℃)	0.81%	75.21%	23.98%	38.04

附录8 常用酸碱溶液的质量分数和相对密度

盐 酸

质量分数/%	相对密度	质量分数/%	相对密度
2	1.008 2	20	1.098 0
4	1.018 1	22	1.108 3
6	1.027 9	24	1.118 7
8	1.037 6	26	1.129 0
10	1.047 4	28	1.139 2
12	1.057 4	30	1.149 2
14	1.067 5	32	1.159 3
16	1.077 6	34	1.169 1
18	1.087 8	36	1.178 9

硫 酸

质量分数/%	相对密度	质量分数/%	相对密度
1	1.005 1	70	1.610 5
2	1.011 8	80	1.727 2
3	1.018 4	90	1.814 4
4	1.025 0	91	1.819 5
5	1.031 7	92	1.824 0
10	1.066 1	93	1.827 9
15	1.102 0	94	1.831 2
20	1.139 4	95	1.833 7
25	1.178 3	96	1.835 5
30	1.218 5	97	1.836 4
40	1.302 8	98	1.836 1
50	1.395 1	99	1.834 2
60	1.498 3	100	1.830 5

氢氧化钠溶液

质量分数/%	相对密度	质量分数/%	相对密度
1	1.009 5	26	1.284 8
5	1.053 8	30	1.327 9
10	1.108 9	35	1.379 8
16	1.175 1	40	1.430 0
20	1.219 1	50	1.525 3

氨 水

质量分数/%	相对密度	质量分数/%	相对密度
1	0.993 9	16	0.936 2
2	0.989 5	18	0.929 5
4	0.981 1	20	0.922 9
6	0.973 0	22	0.916 4
8	0.965 1	24	0.910 1
10	0.957 5	26	0.904 0
12	0.950 1	28	0.898 0
14	0.943 0	30	0.892 0

碳酸钠

质量分数/%	相对密度	质量分数/%	相对密度
1	1.008 6	12	1.124 4
2	1.019 0	14	1.146 3
4	1.039 8	16	1.168 2
6	1.060 6	18	1.190 5
8	1.081 6	20	1.213 2
10	1.102 9		